# Les Plantes

**Éditeur** Jacques Fortin

**Directeurs éditoriaux** François Fortin
Stéphane Batigne

**Rédactrice en chef** Julie Cailliau

**Illustrateur en chef** Jocelyn Gardner

**Designer graphique** Anne Tremblay

**Illustrateurs** Jean-Yves Ahern
Manuela Bertoni
Sonia Buffot
Jocelyn Gardner
Marc Lalumière
Rielle Lévesque
Alain Lemire
Raymond Martin

**Recherchiste** Gilles Vézina

**Correctrice** Marie-Nicole Cimon

**Responsable de la production** Nathalie Fréchette

**Graphistes** Janou-Ève LeGuerrier
Danielle Quinty
Josée Noiseux

**Consultants** Luc Brouillet
Anne Bruneau
Anja Geitmann
Mario Parenteau
Jean Rivoal

**Données de catalogage avant publication (Canada)**

Vedette principale au titre :
Les Plantes : comprendre la diversité du monde végétal

(Guides de la connaissance)
Comprend un index.

ISBN 2-7644-0839-0

1. Plantes. 2. Diversité végétale. 3. Écologie végétale. 4. Botanique.
I. Titre. II. Collection.

QK45.2.P52 2006 580 C2005-941123-6

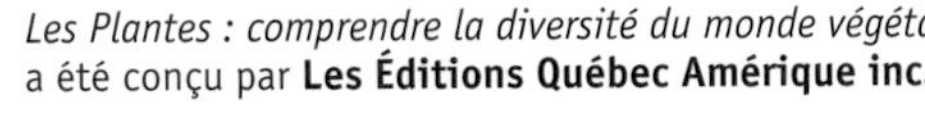

*Les Plantes : comprendre la diversité du monde végétal*
a été conçu par **Les Éditions Québec Amérique inc.**

329, rue de la Commune Ouest, 3e étage
Montréal (Québec) H2Y 2E1 Canada
**T** 514.499.3000 **F** 514.499.3010



Nous reconnaissons l'aide financière du gouvernement du Canada par l'entremise du Programme d'aide au développement de l'industrie de l'édition (PADIÉ) pour nos activités d'édition.

Les Éditions Québec Amérique tiennent également à remercier les organismes suivants pour leur appui financier :

Conseil des Arts du Canada

Canada Council for the Arts

SODEC
Québec

Imprimé et relié à Singapour.

10 9 8 7 6 5 4 3 2 1 09 08 07 06

**www.quebec-amerique.com**

# Les Plantes

## Comprendre la diversité du monde végétal



QUÉBEC AMÉRIQUE

# Table des

6 | **La diversité des végétaux**

8 La classification des plantes
10 La cellule végétale
12 Les algues
14 Les champignons
16 Les lichens
18 Les mousses
20 Les fougères
22 Les conifères

24 | **Les plantes à fleurs**

26 L'anatomie des plantes à fleurs
30 La racine
34 La tige
37 La feuille
40 La fleur
44 Les inflorescences
46 Les arbres

50 | **La reproduction des plantes à fleurs**

52 La pollinisation
54 La fécondation
56 La graine
57 Le fruit
61 La multiplication végétative

62 | **Nutrition et croissance**

64 La photosynthèse
67 La sève
70 Les végétaux hétérotrophes
74 La croissance des plantes
78 Les hormones végétales
79 Les tropismes

# matières

**80 | Les plantes et leur milieu**

82 Les formations végétales
84 La forêt équatoriale
86 Les savanes
88 Les forêts tempérées
90 Les plantes succulentes
92 Les plantes aquatiques
94 Les aires protégées

**96 | Les plantes alimentaires**

98 Les légumes
103 Les fruits
106 Les céréales
108 Algues et champignons comestibles
109 Les herbes et les épices
110 Les ingrédients d'origine végétale
112 Les boissons

**114 | Les plantes industrielles**

116 L'industrie du bois
118 La fabrication du papier
120 Le caoutchouc naturel
121 Les plantes médicinales
122 Les plantes textiles

**124 | Glossaire**

**126 | Index**

Le monde végétal rassemble plus de 380 000 espèces, dont plus des deux tiers sont des plantes vertes. Des algues marines unicellulaires aux plantes à fleurs les plus complexes, les végétaux présentent des organisations et des modes de vie et de reproduction d'une surprenante diversité, résultat de plus de trois milliards d'années d'évolution.

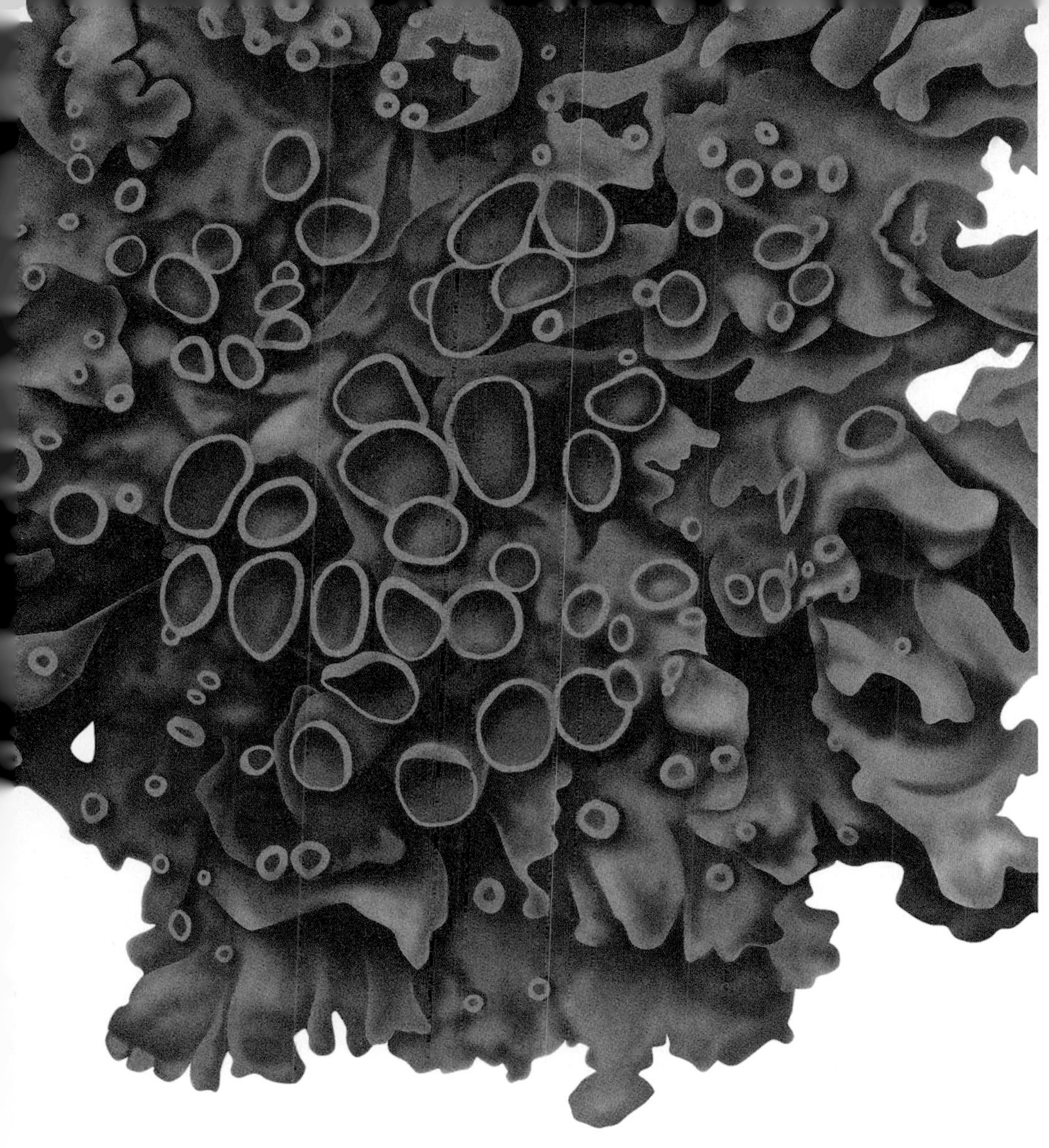

# La diversité des végétaux


8 **La classification des plantes**
*Une complexité croissante*

10 **La cellule végétale**
*L'élément de base des végétaux*

12 **Les algues**
*Les premiers végétaux apparus sur Terre*

14 **Les champignons**
*Des organismes sans chlorophylle*

16 **Les lichens**
*La symbiose d'une algue et d'un champignon*

18 **Les mousses**
*Les végétaux des zones humides*

20 **Les fougères**
*Les plantes des sous-bois*

22 **Les conifères**
*Les premiers arbres*

# La classification des plantes

## *Une complexité croissante*

Au sein du monde végétal, les plantes vertes constituent le groupe le plus vaste, avec environ 278 000 espèces différentes. Les quatre principales subdivisions du groupe des plantes vertes sont les mousses, les fougères, les conifères et les plantes à fleurs. Ces dernières sont de loin les plus nombreuses, avec près de 234 000 espèces. Les champignons sont traditionnellement présentés aux côtés des plantes bien qu'ils n'en fassent pas partie. Ils forment un groupe distinct, homogène, constitué d'espèces qui puisent leur nourriture auprès d'autres organismes. Les algues, quant à elles, ne proviennent pas toutes du même ancêtre et composent un groupe hétérogène. Les algues brunes forment un groupe à part, tandis que les algues rouges et vertes font partie des plantes.

### L'ARBRE GÉNÉALOGIQUE DES VÉGÉTAUX

De tout temps, l'homme a cherché à classer les espèces vivantes qui l'entouraient. Les premières classifications, basées sur l'aspect extérieur des organismes, ont été affinées grâce à l'étude de l'organisation interne des individus, puis à l'analyse des gènes. Les gènes sont les caractéristiques propres à un individu et à son espèce, codées à l'intérieur de ses cellules. La comparaison des gènes propres à différentes espèces dévoile les relations entre ces espèces. La classification qui en découle permet de retracer l'évolution de la vie, des espèces les plus primitives aux plus complexes. Les êtres vivants y sont classés en lignées. Les végétaux sont répartis entre trois lignées distinctes : la lignée des champignons, celle à laquelle appartiennent les algues brunes et celle des plantes. Une lignée est subdivisée en phyllums, chaque phyllum regroupant des organismes issus d'un ancêtre commun. Les principaux phyllums de végétaux sont ceux des bryophytes, des filicophytes, des coniférophytes et des angiospermes.

**LES PLANTES**
**environ 284 000 espèces**

**LES ALGUES BRUNES**
**environ 2 000 espèces**

**LES CHAMPIGNONS**
**100 800 espèces**

Il existe aujourd'hui près de 278 000 espèces de **plantes vertes**.

On compte environ 6 000 espèces d'**algues rouges**.

Le groupe des **plantes terrestres** rassemble près de 270 000 espèces.

Les **algues vertes** forment un groupe hétérogène d'environ 8 000 espèces.

Les **plantes vasculaires** possèdent des vaisseaux conducteurs de sève.

Les **bryophytes** (15 000 espèces, principalement des mousses) sont des plantes primitives qui ne possèdent pas de vaisseaux conducteurs de sève.

Les **spermatophytes** (234 700 espèces) se reproduisent grâce à des graines.

Les **filicophytes** (9 500 espèces, principalement des fougères) sont pourvus de vaisseaux conducteurs de sève et de racines, mais ils ne possèdent pas de graine.

Les **coniférophytes** (600 espèces, tous des conifères à l'exception du ginkgo) sont des arbres résineux dont les graines ne sont pas protégées dans un fruit.

Les **angiospermes**, ou plantes à fleurs, sont les plantes les plus évoluées et les plus nombreuses (234 000 espèces). Elles possèdent de vraies fleurs et leurs graines sont protégées dans des fruits.

## NOMMER UNE PLANTE

À l'intérieur d'un phyllum, on distingue parfois plusieurs classes, elles-mêmes divisées en ordres, en genres et finalement en espèces. Pour identifier une plante, il est inutile d'énumérer chacun des groupes auxquels elle appartient dans la classification des végétaux. En général, le genre et l'espèce, indiqués en latin, suffisent. Ainsi, la marguerite est désignée par son nom latin *Leucanthemum vulgare*. Il existe parfois plusieurs variétés d'une même espèce; il est alors nécessaire d'ajouter le nom de la variété pour lever toute ambiguïté.

**PHYLLUM DES ANGIOSPERMES**

**classe des dicotylédones**

Les dicotylédones sont des plantes à fleurs herbacées (bégonia) ou ligneuses (noyer). Cette classe compte environ 50 ordres, divisés en 230 familles qui regroupent quelque 200 000 espèces.

**classe des monocotylédones**

Les monocotylédones sont des plantes à fleurs pour la plupart herbacées (blé), parfois arborescentes (palmier). Cette classe est divisée en quatre ordres qui regroupent plus de 80 familles.

L'**ordre** des Astérales regroupe des plantes à fleurs herbacées des régions tempérées.

La plus grande **famille** de l'ordre des Astérales est celle des Astéracées.

*Leucanthemum* est l'un des 1 528 **genres** de la famille des Astéracées.

Le genre *Leucanthemum* contient sept **espèces**, dont l'espèce *vulgare*.

## TROIS MILLIARDS D'ANNÉES D'ÉVOLUTION

Les premières algues sont apparues dans les océans au cours de la période du précambrien, il y a plus de 3 milliards d'années, et les premières algues vertes, voilà 1,5 milliard d'années. Il y a environ 420 millions d'années, certaines algues vertes se sont adaptées à la vie terrestre. Elles ont évolué pour former des mousses, puis des plantes vasculaires sans feuilles ni racines. Les premières fougères voient le jour au début de la période carbonifère. Apparaissent ensuite les conifères, qui se développent à la fin du carbonifère et atteignent leur apogée au jurassique, entre –208 et –145 millions d'années. Les plantes à fleurs font leur apparition 30 millions d'années plus tard, au crétacé. Rapidement, leurs couleurs et leurs formes variées transforment le paysage terrestre.

algues bleu-vert
précambrien
(4 600 - 570 MA)
plantes terrestres
fougères
conifères
carbonifère
(360 - 286 MA)
plantes à fleurs
jurassique
(208 - 145 MA)
crétacé
(145 - 65 MA)
MA : millions d'années

# La cellule végétale

## *L'élément de base des végétaux*



Malgré de nombreux points communs, la cellule végétale est bien différente de la cellule animale. Elle possède une paroi rigide, dont les cellules animales sont dépourvues, et elle renferme des organites supplémentaires : de grandes vacuoles et des chloroplastes. Cette machinerie cellulaire permet aux plantes de fabriquer leur propre nourriture à partir d'éléments puisés dans le milieu. En moyenne, une cellule végétale mesure 0,2 mm de diamètre, soit quatre fois plus qu'une cellule animale.

### LA STRUCTURE DE LA CELLULE VÉGÉTALE

La cellule végétale est l'élément de base de la plante. Elle est limitée par une membrane cellulaire recouverte par une paroi rigide, caractéristique des végétaux, qui donne sa forme à la cellule. L'intérieur de la cellule végétale est rempli d'un liquide visqueux, le cytoplasme, dans lequel baignent de petits éléments indispensables à la vie de la cellule, les organites cellulaires. Parmi ces organites, on compte le noyau, les ribosomes, la vacuole, les mitochondries et les chloroplastes. Les organites cellulaires remplissent différentes fonctions vitales, comme la nutrition, la respiration ou encore la fabrication des protéines qui serviront à la croissance de la plante.

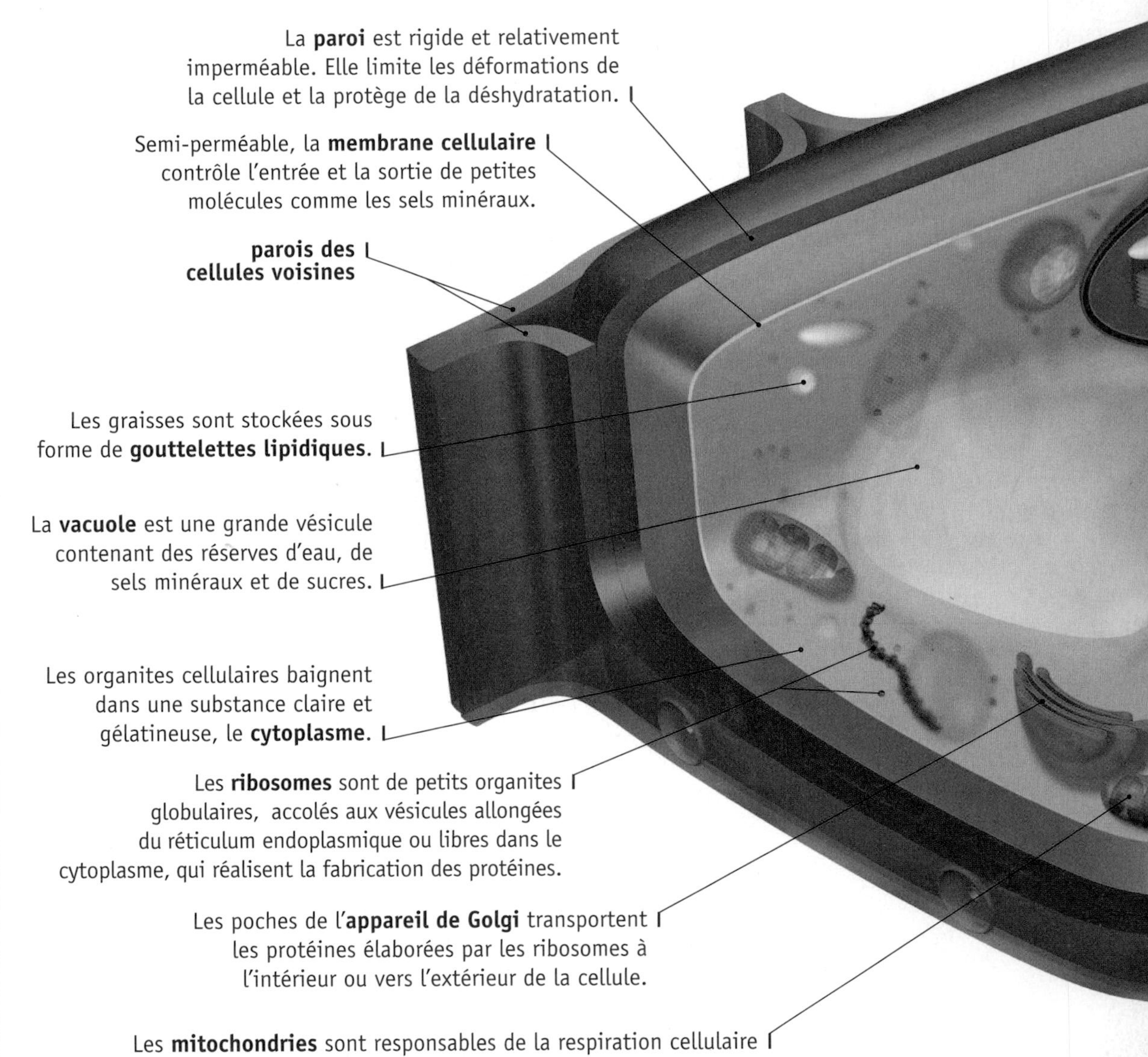
La **paroi** est rigide et relativement imperméable. Elle limite les déformations de la cellule et la protège de la déshydratation.
Semi-perméable, la **membrane cellulaire** contrôle l'entrée et la sortie de petites molécules comme les sels minéraux.
**parois des cellules voisines**
Les graisses sont stockées sous forme de **gouttelettes lipidiques**.
La **vacuole** est une grande vésicule contenant des réserves d'eau, de sels minéraux et de sucres.
Les organites cellulaires baignent dans une substance claire et gélatineuse, le **cytoplasme**.
Les **ribosomes** sont de petits organites globulaires, accolés aux vésicules allongées du réticulum endoplasmique ou libres dans le cytoplasme, qui réalisent la fabrication des protéines.
Les poches de l'**appareil de Golgi** transportent les protéines élaborées par les ribosomes à l'intérieur ou vers l'extérieur de la cellule.
Les **mitochondries** sont responsables de la respiration cellulaire qui génère l'énergie nécessaire à l'activité de la cellule.

## L'ORGANISATION D'UNE PLANTE À LA LOUPE

Les plantes sont composées de différents organes, comme par exemple les feuilles. Chaque organe est constitué de tissus formés par l'assemblage de cellules de différents types.

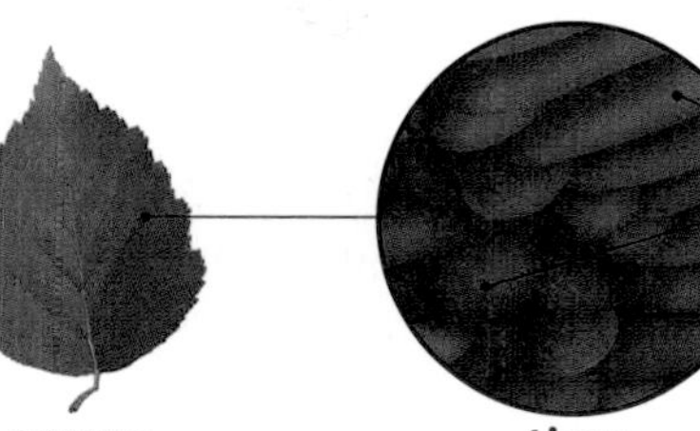

Plusieurs types de **cellules** composent l'intérieur de la feuille.

**organe**

**tissu**

**plante**

Les **chloroplastes** renferment de la chlorophylle, un pigment vert qui absorbe l'énergie lumineuse et permet ainsi la fabrication de matière organique (sucres). Ce processus s'appelle la photosynthèse.

Les sucres produits par photosynthèse sont mis en réserve sous forme de **grains d'amidon.**

L'amidon est aussi emmagasiné dans de petits organites appelés **amyloplastes.**

La membrane et la paroi sont ponctuées de canaux, les **plasmodesmes**, qui permettent des échanges entre deux cellules voisines.

Le **noyau** renferme les caractéristiques de la plante, encodées sur les chromosomes. Il contrôle toutes les activités cellulaires, notamment la fabrication des protéines.

Le **nucléole** est un petit corps sphérique situé à l'intérieur du noyau, impliqué dans la fabrication des protéines.

Le **réticulum endoplasmique** est un ensemble de vésicules assurant la synthèse des protéines. Il participe aussi au transport des substances à l'intérieur de la cellule, et entre la cellule et son milieu extérieur.

# Les algues

## *Les premiers végétaux apparus sur Terre*

Plus de 25 000 espèces d'algues vivent en milieu aquatique, dans l'eau douce ou l'eau salée, et sur certains terrains humides. Les algues unicellulaires (formées d'une seule cellule) sont microscopiques. Elles vivent souvent en suspension dans l'eau douce ou l'eau de mer et font partie du plancton. Les algues pluricellulaires sont composées de plusieurs cellules associées sous forme de filaments ou de lames, et peuvent mesurer plusieurs mètres. En mer, certaines algues flottent à la surface de l'eau. D'autres sont fixées sur les rochers du littoral, rarement à plus de 30 m de profondeur. Au-delà de cette profondeur, la lumière devient insuffisante pour que les algues puissent se nourrir.

### LA STRUCTURE D'UNE ALGUE

Les algues sont parmi les espèces les plus simples du monde végétal. Ce sont des thallophytes : elles se présentent sous la forme d'un assemblage de cellules plus ou moins ramifié, le thalle, sans tige, ni racine, ni feuille.

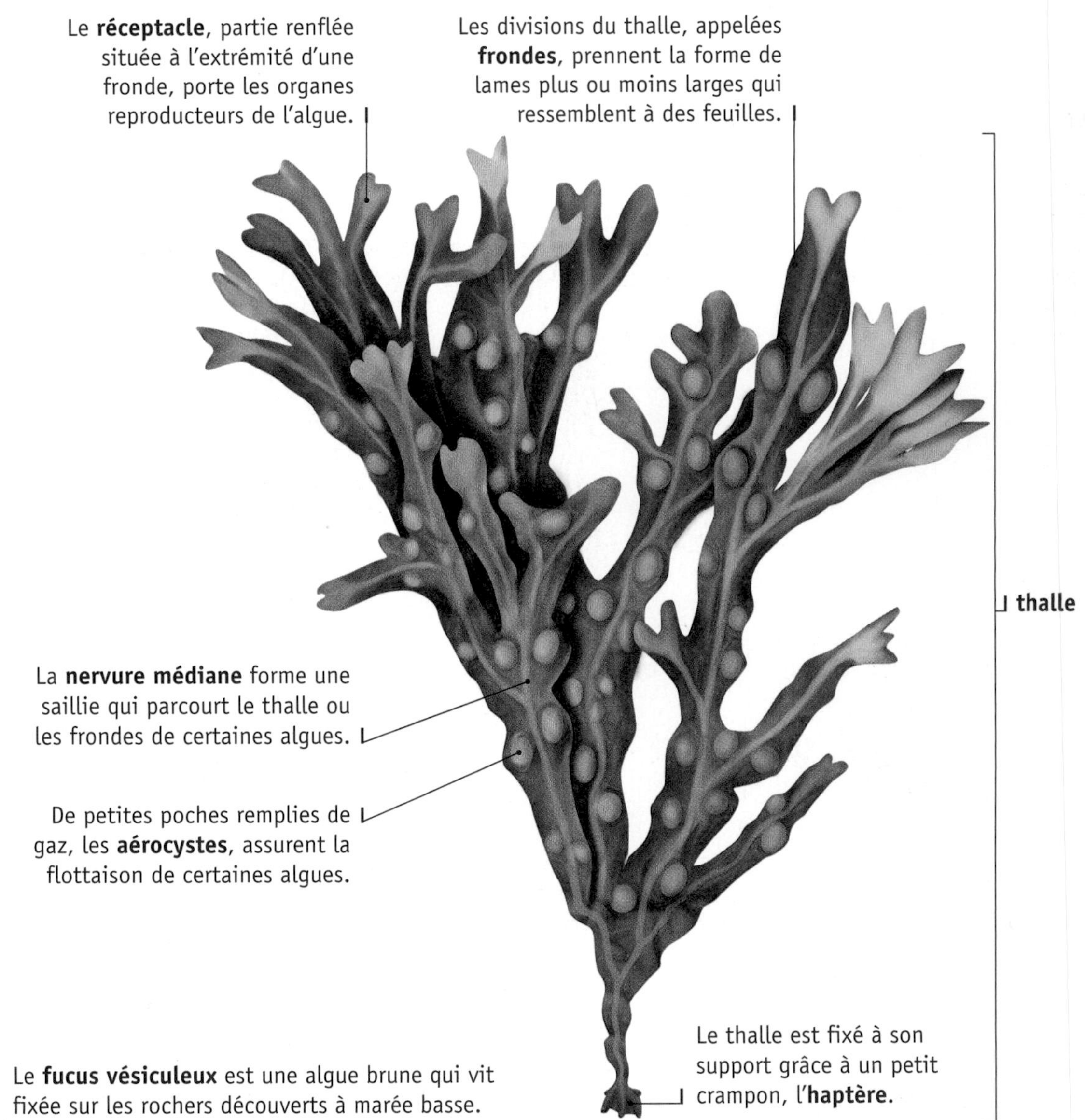
Le **réceptacle**, partie renflée située à l'extrémité d'une fronde, porte les organes reproducteurs de l'algue.
Les divisions du thalle, appelées **frondes**, prennent la forme de lames plus ou moins larges qui ressemblent à des feuilles.
**thalle**
La **nervure médiane** forme une saillie qui parcourt le thalle ou les frondes de certaines algues.
De petites poches remplies de gaz, les **aérocystes**, assurent la flottaison de certaines algues.
Le thalle est fixé à son support grâce à un petit crampon, l'**haptère**.

Le **fucus vésiculeux** est une algue brune qui vit fixée sur les rochers découverts à marée basse.

## ALGUES VERTES, BRUNES ET ROUGES

Les algues présentent diverses colorations selon le type de pigments qu'elles renferment : on rencontre principalement des algues vertes, rouges et brunes. Cependant, toutes les algues possèdent un pigment vert, la chlorophylle, qui capte l'énergie lumineuse et permet la production de matière organique par photosynthèse. Les algues sont ainsi capables de fabriquer leur propre nourriture : elles sont autotrophes.

La laminaire sucrée est une **algue brune** du littoral de l'Atlantique Nord. Elle vit cramponnée aux rochers immergés dans des eaux peu agitées.

haptère
support

La dilsea est une **algue rouge** dont le thalle est épais et charnu. Fixée aux rochers dans des eaux assez profondes, elle est rarement émergée.

Les **algues vertes** poussent souvent en eaux douces. Ce sont les plus nombreuses : il en existe 8 000 espèces.

## LA REPRODUCTION DES ALGUES

Les algues peuvent se reproduire par voie asexuée : soit par simple fragmentation du thalle, soit par la production de cellules appelées spores qui sont libérées dans l'eau et qui germent pour former de nouvelles algues identiques à l'algue mère. La plupart des algues peuvent aussi se reproduire par voie sexuée. Les réceptacles de l'algue ❶ portent des structures productrices de gamètes ❷. À maturité, ces organes libèrent dans l'eau des gamètes mâles et femelles ❸. Munis de flagelles, les gamètes mâles sont mobiles dans l'eau ❹. La fécondation, c'est-à-dire la fusion d'un gamète mâle et d'un gamète femelle, conduit à la formation d'un zygote ❺. Cette cellule unique se multiplie pour former progressivement une nouvelle algue ❻.

CYCLE DE REPRODUCTION SEXUÉE D'UNE ALGUE

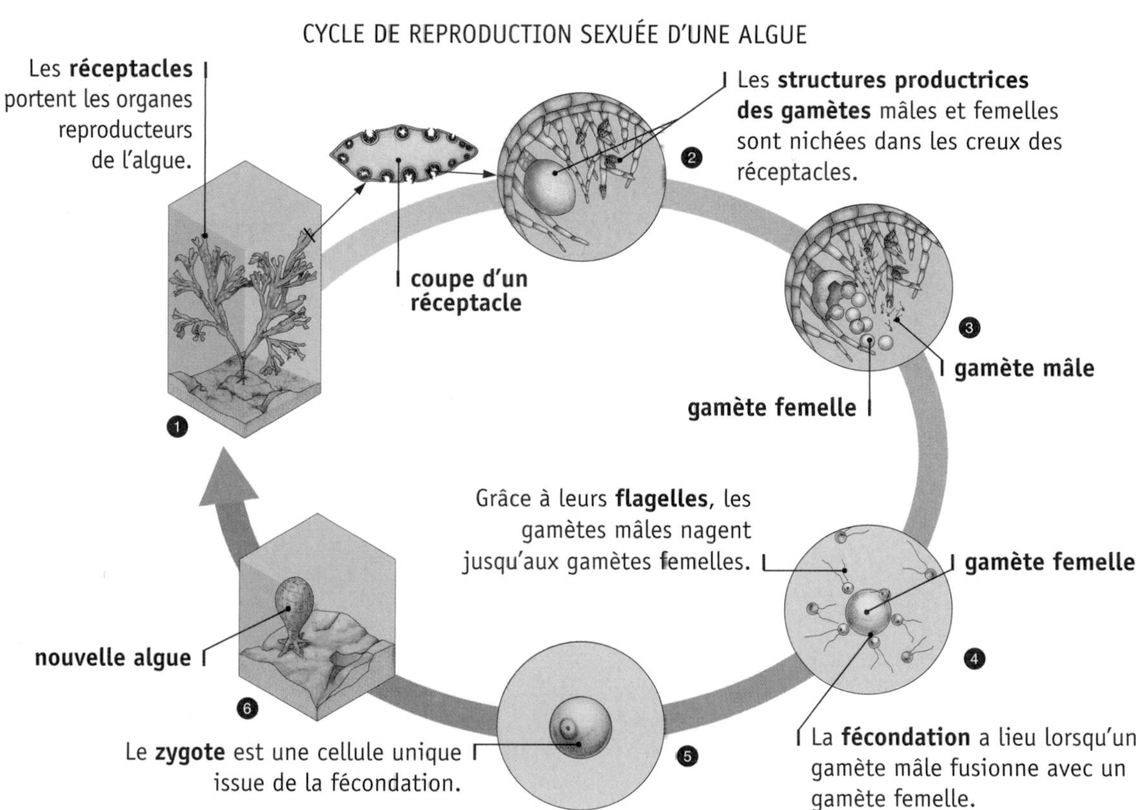
Les **réceptacles** portent les organes reproducteurs de l'algue.
❶
coupe d'un réceptacle
Les **structures productrices des gamètes** mâles et femelles sont nichées dans les creux des réceptacles.
❷
❸
gamète mâle
gamète femelle
Grâce à leurs **flagelles**, les gamètes mâles nagent jusqu'aux gamètes femelles.
gamète femelle
❹
La **fécondation** a lieu lorsqu'un gamète mâle fusionne avec un gamète femelle.
❺
Le **zygote** est une cellule unique issue de la fécondation.
❻
nouvelle algue

# Les champignons

## *Des organismes sans chlorophylle*



Il existe plus de 100 000 espèces de champignons. Ils se caractérisent par leur incapacité à fabriquer leur propre matière organique par photosynthèse : ils dépendent donc d'autres organismes pour se nourrir. Les champignons colonisent tous les milieux. On en retrouve dans l'eau, le sol et l'air. Certains parasitent des plantes, causant des ravages dans les cultures, ou des animaux, provoquant diverses maladies. D'autres sont utilisés dans l'industrie pour faire lever la pâte à pain, produire de la bière, des fromages ou des médicaments comme la pénicilline. Ainsi, continuellement, l'homme tolère, subit ou utilise les champignons.

### LA STRUCTURE D'UN CHAMPIGNON

L'anatomie des champignons est très variée, des spécimens microscopiques aux grands champignons comestibles. Quelques rares champignons sont formés d'une seule et unique cellule. C'est le cas des levures. Mais la plupart sont composés de nombreuses cellules alignées sous forme de filaments, les hyphes. L'assemblage des hyphes compose le mycélium. Le mycélium est la plupart du temps souterrain. Au moment de la reproduction, il arrive que le mycélium se développe hors de la terre pour former un pied et un chapeau. Cette structure est appelée communément champignon.

Les champignons sont incapables de fabriquer leur propre nourriture par photosynthèse. Ils sont hétérotrophes : ils dépendent d'autres organismes pour se nourrir. Les champignons peuvent être saprophytes (ils s'alimentent de substances organiques en décomposition), parasites ou symbiotiques (ils vivent associés à d'autres organismes, notamment des plantes).

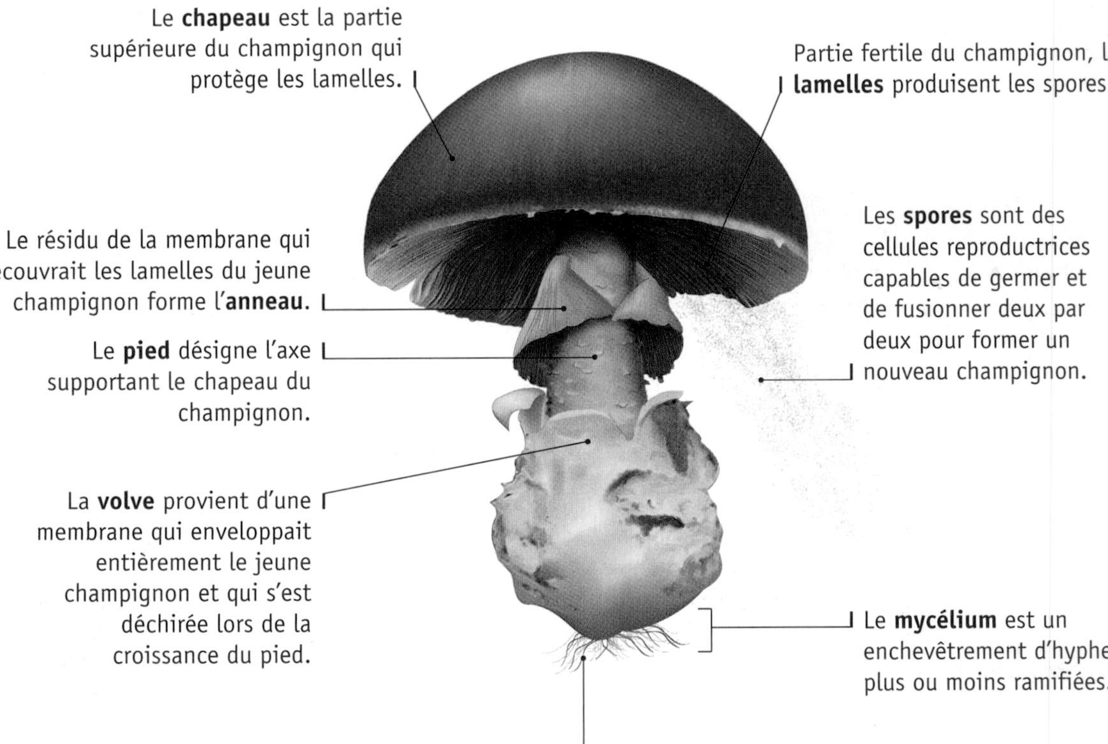
Le **chapeau** est la partie supérieure du champignon qui protège les lamelles.
Partie fertile du champignon, les **lamelles** produisent les spores.
Le résidu de la membrane qui recouvrait les lamelles du jeune champignon forme l'**anneau**.
Les **spores** sont des cellules reproductrices capables de germer et de fusionner deux par deux pour former un nouveau champignon.
Le **pied** désigne l'axe supportant le chapeau du champignon.
La **volve** provient d'une membrane qui enveloppait entièrement le jeune champignon et qui s'est déchirée lors de la croissance du pied.
Le **mycélium** est un enchevêtrement d'hyphes plus ou moins ramifiées.
L'**hyphe** est un filament microscopique, souvent blanc, qui puise l'eau et les substances organiques nécessaires au développement du champignon.

## DE DANGEREUX POISONS

Beaucoup de champignons sont comestibles, comme l'oronge vraie, mais de nombreux autres sont vénéneux. Ils contiennent un poison dont le contact ou l'ingestion provoque chez l'homme des troubles divers. Dans certains cas, ces atteintes sont si graves qu'elles entraînent la mort.

CHAMPIGNON COMESTIBLE

L'**oronge vraie** est un champignon comestible. Ses lamelles jaunes permettent de la distinguer de la fausse oronge, vénéneuse, dont les lamelles sont blanches.

CHAMPIGNON VÉNÉNEUX

La **fausse oronge**, ou amanite tue-mouches, est un champignon vénéneux dont le chapeau orangé est couvert de verrues blanches. Son poison attaque surtout le système nerveux, provoquant notamment des hallucinations.

CHAMPIGNON MORTEL

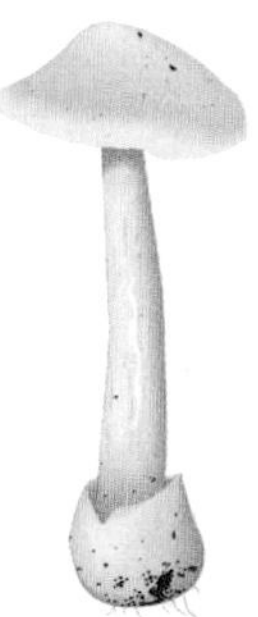

L'**amanite vireuse** est un beau champignon blanc et élancé, mais c'est une espèce extrêmement vénéneuse. Elle dégage une odeur désagréable. Son poison, souvent mortel, agit à retardement et attaque principalement le foie.

## LA REPRODUCTION DES CHAMPIGNONS

Le sporophore ❶, composé d'un pied et d'un chapeau, est la forme du champignon capable de produire des cellules reproductrices appelées spores. Les lamelles du chapeau libèrent les spores ❷. Les spores germent sous la forme de filaments, les hyphes ❸. La fusion de deux hyphes issues de spores compatibles forme une hyphe unique ❹. L'hyphe se ramifie très rapidement. Ses ramifications s'enchevêtrent pour former le mycélium ❺. Au moment de la reproduction, le mycélium s'organise, se compacte et commence à sortir de terre ❻. Peu à peu, il se développe sous la forme d'un pied et d'un chapeau, silhouette bien connue du champignon ❼.

CYCLE DE REPRODUCTION SEXUÉE D'UN CHAMPIGNON

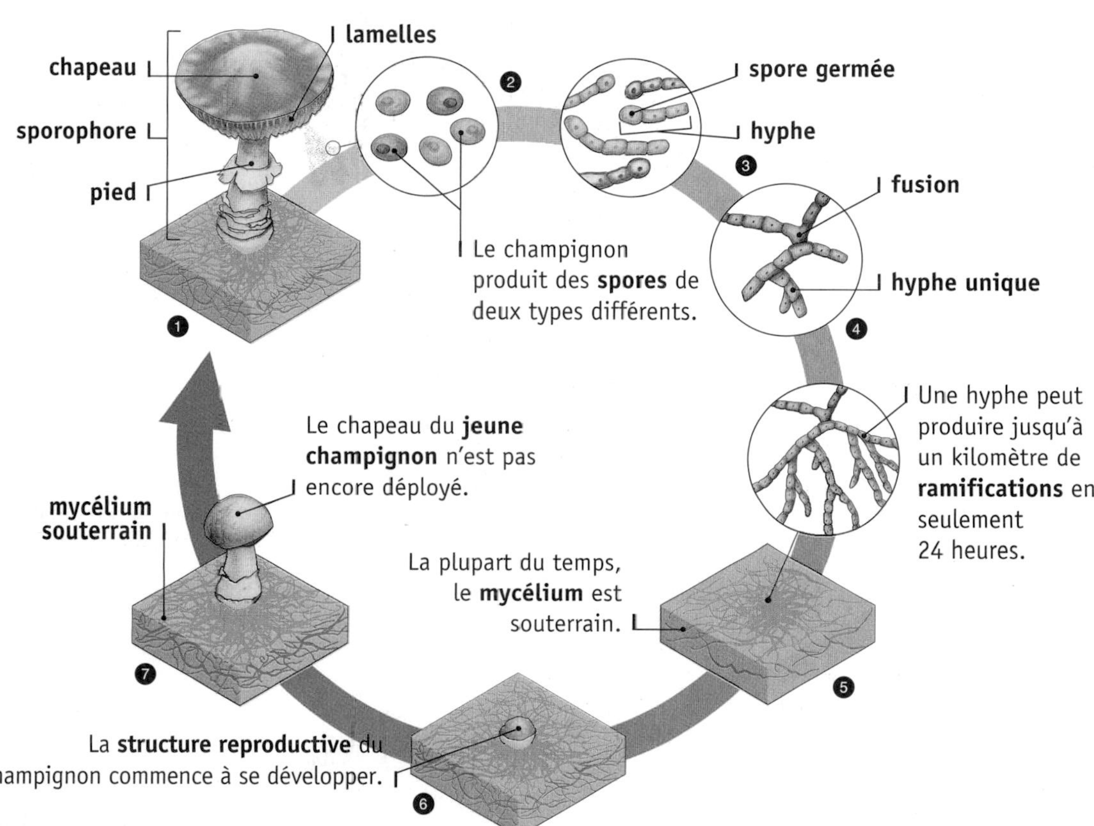
lamelles
chapeau
sporophore
pied
❶
❷
spore germée
hyphe
❸
fusion
hyphe unique
❹
Le champignon produit des **spores** de deux types différents.
Une hyphe peut produire jusqu'à un kilomètre de **ramifications** en seulement 24 heures.
Le chapeau du **jeune champignon** n'est pas encore déployé.
mycélium souterrain
La plupart du temps, le **mycélium** est souterrain.
❺
❼
La **structure reproductive** du champignon commence à se développer.
❻

# Les lichens

## *La symbiose d'une algue et d'un champignon*



Les lichens sont formés par l'association d'une algue et d'un champignon. Les deux partenaires bénéficient de cette association : ils vivent en symbiose. L'algue, grâce à la chlorophylle qu'elle contient, fabrique la matière organique nécessaire aux deux partenaires. Quant au champignon, il approvisionne le couple en eau et en sels minéraux. Les lichens sont capables de supporter des conditions climatiques extrêmes. Certaines espèces poussent dans les régions arides, d'autres en bord de mer ou encore dans les régions polaires.

### LA STRUCTURE D'UN LICHEN

L'algue et le champignon formant un lichen sont intimement liés. Bien souvent, les filaments du champignon s'entrelacent autour des cellules de l'algue et y pénètrent par endroits pour y puiser de la nourriture. Les lichens peuvent survivre à des sécheresses prolongées et à de grands écarts de température, mais leur croissance est très lente, de l'ordre de quelques millimètres par an. Ils se reproduisent par fragmentation du thalle ou par reproduction sexuée. Dans ce cas, l'appareil sexuel du champignon libère des spores qui germent et donnent naissance à un nouveau champignon. Ce dernier devra rencontrer une algue partenaire pour former un nouveau lichen.

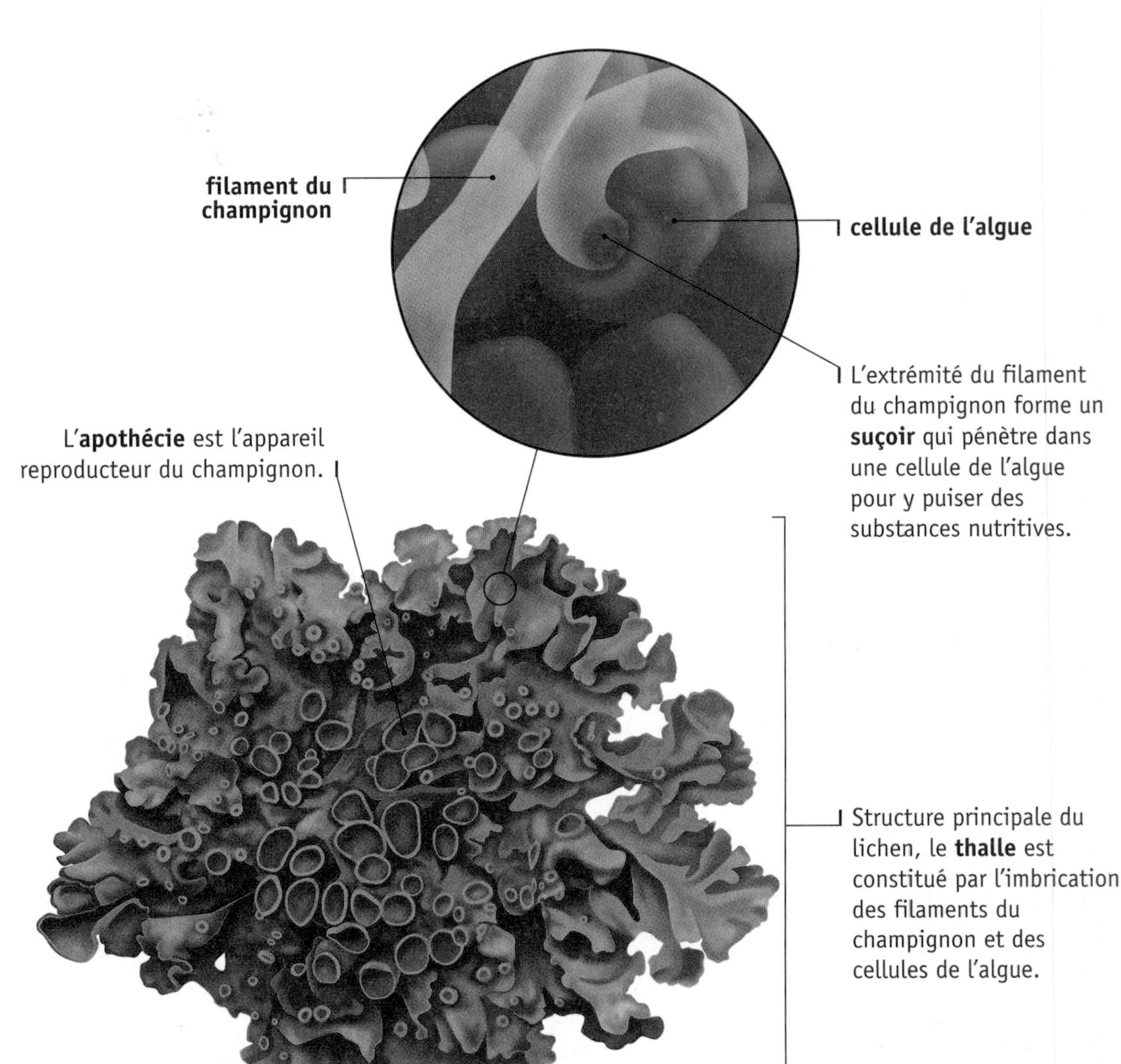

filament du champignon
cellule de l'algue
L'extrémité du filament du champignon forme un suçoir qui pénètre dans une cellule de l'algue pour y puiser des substances nutritives.
L'apothécie est l'appareil reproducteur du champignon.
Structure principale du lichen, le thalle est constitué par l'imbrication des filaments du champignon et des cellules de l'algue.

## LES TYPES DE LICHENS

Il existe plus de 20 000 espèces de lichens, qui vivent à même le sol, sur les troncs d'arbres ou les roches. On distingue trois types de lichens selon la forme de leur thalle : les lichens crustacés, foliacés et fruticuleux.

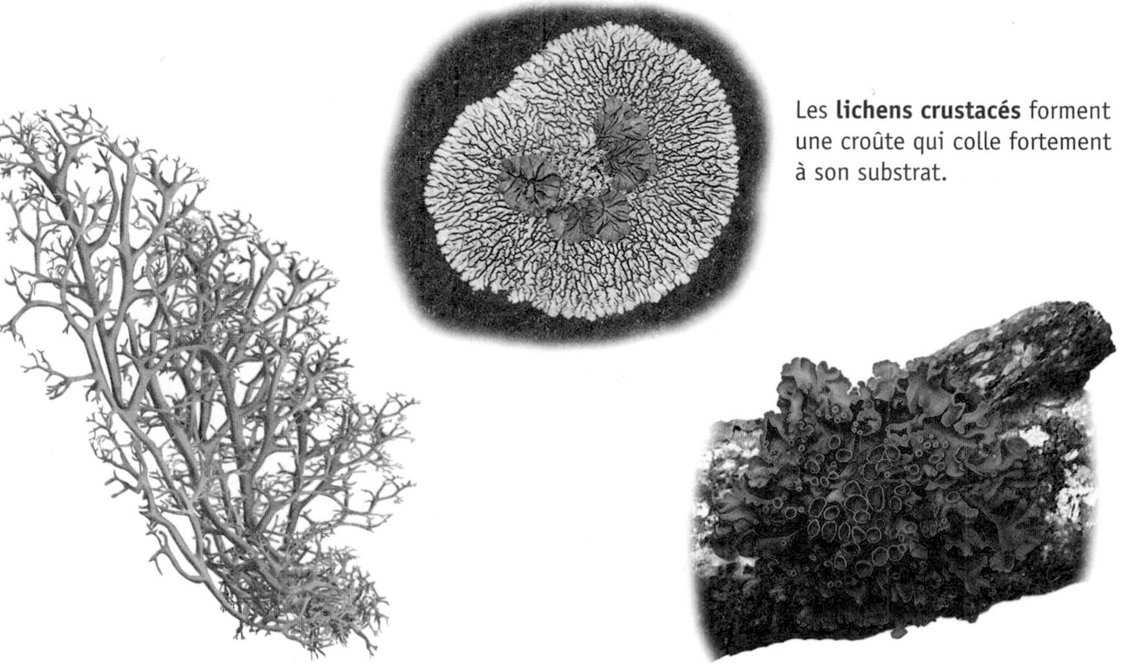

Les **lichens crustacés** forment une croûte qui colle fortement à son substrat.

Le thalle des **lichens fruticuleux** prend l'aspect d'un petit arbre qui n'est fixé que par un petit point de contact.

Les **lichens foliacés** présentent un thalle en forme de feuilles ou de lames qui adhère peu à son support et s'en sépare facilement.

## DES VÉGÉTAUX UTILES

Ayant une croissance très lente et une longue durée de vie, les lichens permettent de dater les surfaces rocheuses sur lesquelles ils poussent. Ils sont aussi très utilisés comme indicateurs de pollution. Les lichens ont en effet la faculté d'emmagasiner des composés minéraux, y compris des substances polluantes. L'accumulation de composés toxiques dans le lichen entraîne sa mort, ce qui signale une pollution. De nombreux lichens sont consommés par les animaux, voire par l'humain. D'autres servent à la fabrication de colorants et de parfums.

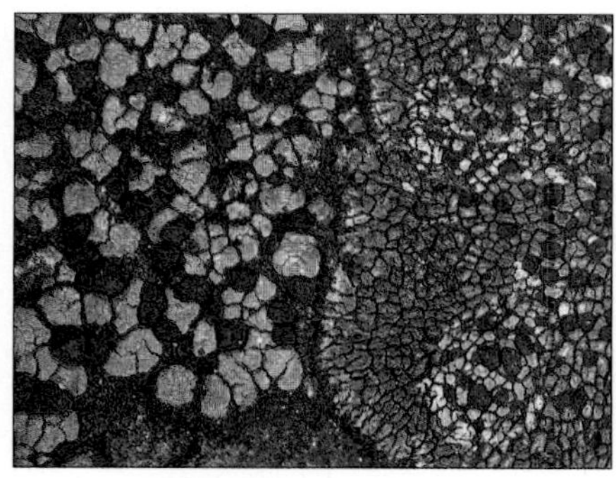

La croissance des lichens crustacés du genre ***Rhizocarpon*** est extrêmement lente, de l'ordre de quelques centièmes de millimètres par an.

Le lichen fruticuleux ***Letharia vulpina*** renferme un pigment jaune vif, l'acide vulpinique, autrefois utilisé comme colorant.

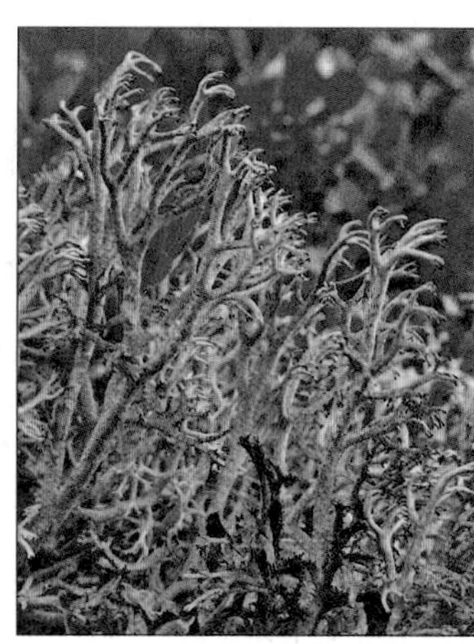

Dans les régions arctiques, la **cladonie des rennes** fait le régal des cervidés et des populations humaines locales.

# Les mousses

## *Les végétaux des zones humides*



Les mousses sont des plantes chlorophylliennes de petite taille qui poussent dans les forêts humides et les régions marécageuses. Elles se développent en touffes serrées et étendues qui forment de véritables tapis moelleux. Les mousses sont parmi les premières plantes apparues sur la terre ferme. Comme leurs ancêtres les algues, elles restent dépendantes de l'eau à plusieurs égards, notamment pour leur reproduction.

### LA STRUCTURE D'UNE MOUSSE

Les mousses possèdent des feuilles et des tiges primitives. Les feuilles contiennent de la chlorophylle qui permet à la mousse de fabriquer sa propre nourriture par photosynthèse. Contrairement aux plantes plus évoluées, les mousses n'ont pas de racines ni de tissus spécialisés dans le transport de l'eau et des substances nutritives. Elles se nourrissent en absorbant l'eau et les sels minéraux directement par leurs tiges, leurs feuilles et leurs rhizoïdes. Les mousses ne possèdent pas de fleurs.

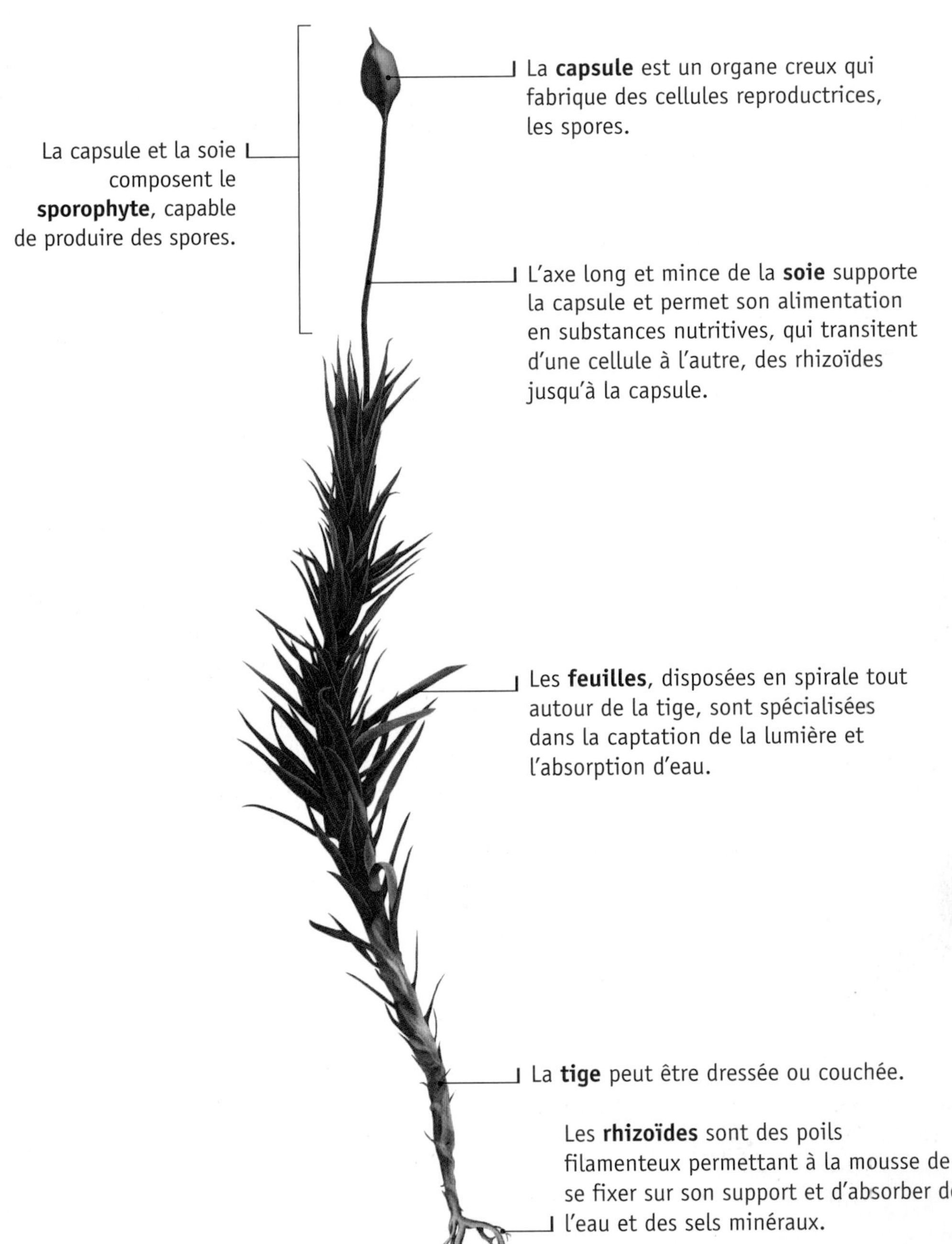
La **capsule** est un organe creux qui fabrique des cellules reproductrices, les spores.
La capsule et la soie composent le **sporophyte**, capable de produire des spores.
L'axe long et mince de la **soie** supporte la capsule et permet son alimentation en substances nutritives, qui transitent d'une cellule à l'autre, des rhizoïdes jusqu'à la capsule.
Les **feuilles**, disposées en spirale tout autour de la tige, sont spécialisées dans la captation de la lumière et l'absorption d'eau.
La **tige** peut être dressée ou couchée.
Les **rhizoïdes** sont des poils filamenteux permettant à la mousse de se fixer sur son support et d'absorber de l'eau et des sels minéraux.

## EXEMPLES DE MOUSSES

Il existe environ 15 000 espèces de mousses. On les trouve habituellement sur les sols humides, les rochers ou les troncs d'arbres, et parfois en eau douce.

La **sphaigne** pousse dans des zones marécageuses. Elle contient beaucoup d'eau et sa décomposition contribue à la formation de la tourbe.

Le **polytric commun** vit en touffes, le plus souvent sur le sol des forêts. Ses soies dressées peuvent atteindre 10 cm de hauteur.

## LA REPRODUCTION DES MOUSSES

Les mousses peuvent se reproduire de manière asexuée, par simple fragmentation de la tige, qui conduit à la formation de touffes fournies de mousses. La reproduction sexuée fait quant à elle intervenir des cellules spécialisées, les spores. À maturité, la capsule libère des spores ❶ de deux types. Les spores tombent sur le sol et germent ❷. La germination des spores aboutit à la formation de tiges feuillées, les gamétophytes ❸, capables de produire des cellules sexuelles, les gamètes. Transportés par l'eau de pluie ou de rosée, les gamètes mâles passent du gamétophyte mâle au gamétophyte femelle ❹. La fécondation, c'est-à-dire la fusion des gamètes, donne naissance à un zygote ❺. Cette cellule unique, positionnée au sommet du gamétophyte femelle, se multiplie pour former un nouveau sporophyte ❻.

CYCLE DE REPRODUCTION SEXUÉE D'UNE MOUSSE


soie
capsule
spore
❶
Les **spores** germent spontanément.
❷
**gamétophyte mâle**
**gamétophyte femelle**
**gamètes mâles**
❸
**gamète femelle**
Les **gamètes mâles** possèdent deux flagelles qui leur permettent de nager dans l'eau de pluie ou de rosée jusqu'au gamète femelle.
❹
Le **gamète femelle** est immobile.
❺
Le **zygote** résulte de la fusion des gamètes mâle et femelle.
❻
**soie en formation**

# Les fougères

## *Les plantes des sous-bois*



Les fougères sont des plantes sans fleurs qui vivent dans des milieux humides et ombragés, pour la plupart dans les forêts tropicales. Elles sont apparues sur Terre il y a quelque 360 millions d'années, au début de la période carbonifère. Les fougères d'alors, bien souvent arborescentes, côtoyaient d'autres plantes vasculaires dans des forêts denses et marécageuses. L'enfouissement et la décomposition des plantes du carbonifère ont conduit à la formation de gisements de combustibles fossiles, comme le charbon.

### LA STRUCTURE D'UNE FOUGÈRE

Les fougères sont constituées d'organes nettement différenciés. La tige, fréquemment souterraine et renflée, forme un rhizome. Contrairement aux plantes plus primitives, comme les mousses, les fougères possèdent de véritables racines. Les feuilles, grandes, vertes et très divisées, sont appelées frondes. Les fougères sont des végétaux vasculaires, c'est-à-dire qu'elles possèdent des vaisseaux capables d'assurer le transport de l'eau et des substances nutritives à travers la plante.

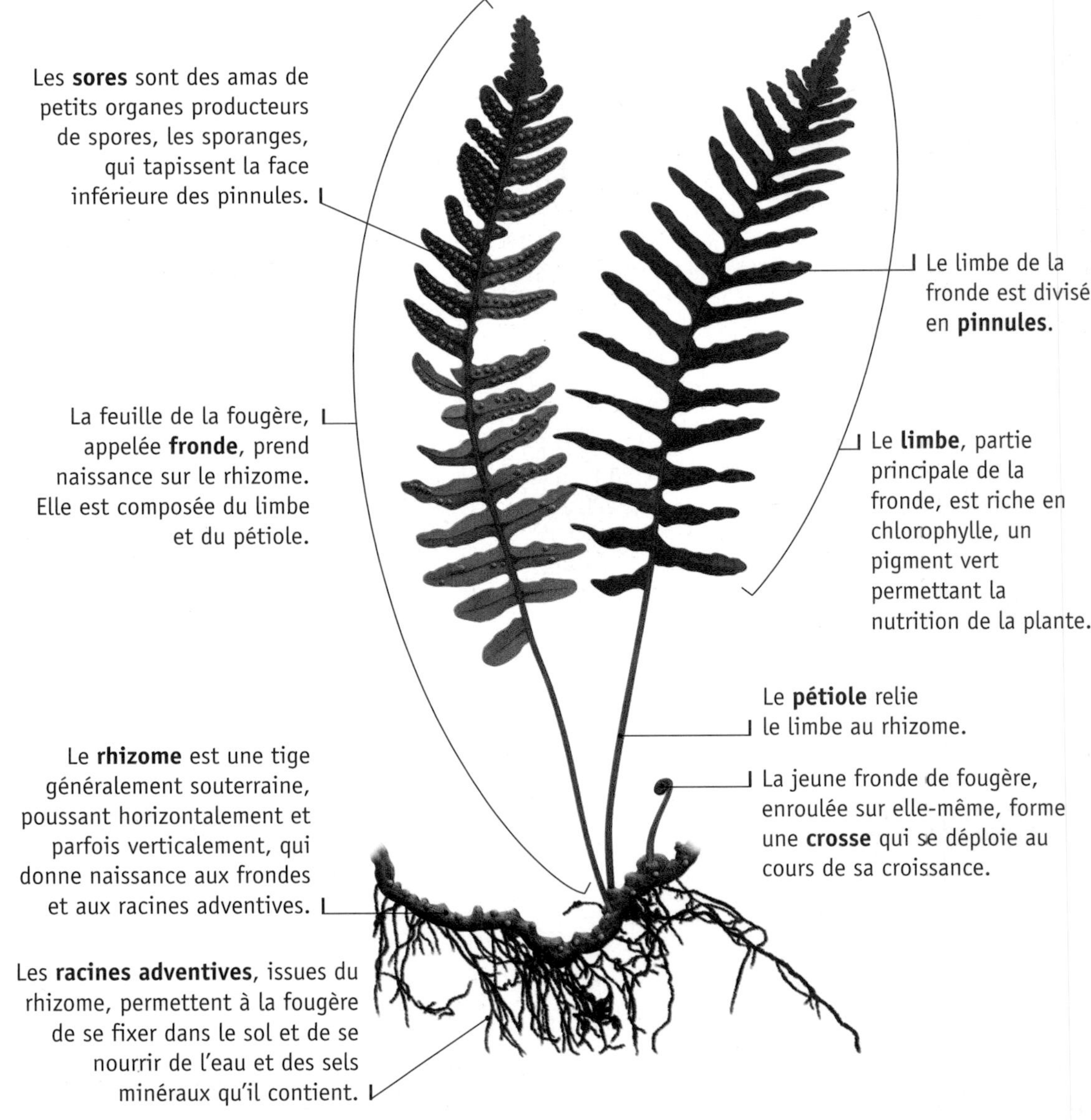
Les **sores** sont des amas de petits organes producteurs de spores, les sporanges, qui tapissent la face inférieure des pinnules.
Le limbe de la fronde est divisé en **pinnules**.
La feuille de la fougère, appelée **fronde**, prend naissance sur le rhizome. Elle est composée du limbe et du pétiole.
Le **limbe**, partie principale de la fronde, est riche en chlorophylle, un pigment vert permettant la nutrition de la plante.
Le **pétiole** relie le limbe au rhizome.
Le **rhizome** est une tige généralement souterraine, poussant horizontalement et parfois verticalement, qui donne naissance aux frondes et aux racines adventives.
La jeune fronde de fougère, enroulée sur elle-même, forme une **crosse** qui se déploie au cours de sa croissance.
Les **racines adventives**, issues du rhizome, permettent à la fougère de se fixer dans le sol et de se nourrir de l'eau et des sels minéraux qu'il contient.

## EXEMPLES DE FOUGÈRES

Il existe environ 9 500 espèces de fougères, dont la taille varie de quelques millimètres à plusieurs mètres.

Le **tronc** de la fougère est constitué d'un rhizome vertical recouvert par la base des anciennes frondes.

Certaines fougères ressemblent à de véritables arbres. Ce sont des **fougères arborescentes.** Pouvant atteindre 20 m de hauteur, elles vivent surtout dans les régions tropicales.

Les frondes de la **fougère nid d'oiseau** forment une rosette autour d'un rhizome central, d'où son nom.

Les frondes du **polypode commun** atteignent 30 cm de longueur.

## LA REPRODUCTION DES FOUGÈRES

Les fougères se reproduisent fréquemment de manière asexuée : le rhizome s'allonge horizontalement sous terre et de nouvelles feuilles en émergent. Les fougères se reproduisent aussi de façon sexuée. Lorsqu'elle est au stade sporophyte, la fougère ❶ porte sous ses frondes des sores formés par l'agglomération d'organes appelés sporanges ❷. Les sporanges sont capables de produire et de libérer des spores ❸. Une fois tombée au sol, une spore germe ❹ et forme progressivement un gamétophyte. Le gamétophyte ❺ est l'organe producteur de cellules sexuelles, les gamètes. Sur sa face inférieure, le gamétophyte produit des œufs (gamètes femelles) et des spermatozoïdes (gamètes mâles). La fécondation, c'est-à-dire la fusion des gamètes ❻, nécessite de l'eau, dans laquelle les spermatozoïdes, munis de flagelles, nagent à la rencontre d'un œuf. La fécondation donne naissance à une nouvelle fougère ❼. Dans un premier temps, la jeune fougère reste attachée au gamétophyte. Celui-ci dégénérera lors de la formation du rhizome.

CYCLE DE REPRODUCTION D'UNE FOUGÈRE

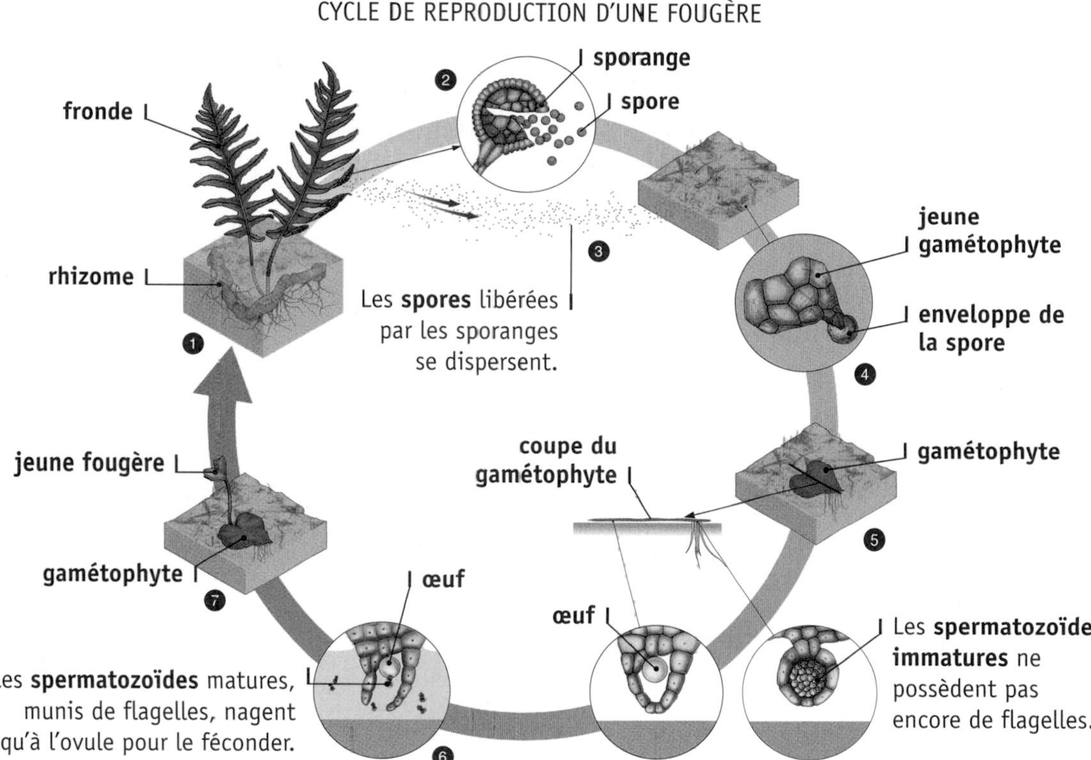
sporange
spore
fronde
rhizome
❶
❷
❸
Les **spores** libérées par les sporanges se dispersent.
jeune gamétophyte
enveloppe de la spore
❹
gamétophyte
❺
coupe du gamétophyte
jeune fougère
gamétophyte
❼
œuf
œuf
Les **spermatozoïdes** matures, munis de flagelles, nagent jusqu'à l'ovule pour le féconder.
Les **spermatozoïdes immatures** ne possèdent pas encore de flagelles.
❻

# Les conifères

## *Les premiers arbres*



Les conifères sont de grands arbres qui s'accommodent bien des sols pauvres et des climats rigoureux. Ils composent notamment des forêts denses en montagne et dans les régions froides, comme en Europe, en Sibérie et en Amérique du Nord. Il en existe 600 espèces. Le pin, l'épicéa (épinette) et le sapin fournissent une grande partie des bois tendres utilisés en construction, car leur croissance rapide et leurs troncs longs et droits facilitent la production de bois d'œuvre.

### LA STRUCTURE D'UN CONIFÈRE

Les conifères sont généralement de grands arbres. Les plus grands peuvent atteindre 100 m de hauteur et les plus volumineux, jusqu'à 10 m de diamètre. Leurs feuilles présentent des adaptations à la sécheresse : elles sont étroites et dures, formant des aiguilles ou des écailles. Les feuilles sont généralement persistantes : elles restent sur l'arbre de trois à quatre ans avant de tomber, si bien que les conifères sont toujours verts. Le mélèze fait exception à la règle : chaque automne, toutes ses feuilles tombent. Plusieurs espèces de conifères, dont l'épicéa (épinette), possèdent des racines traçantes, déployées près de la surface du sol, ce qui leur permet de survivre dans des sols minces. La plupart des conifères sécrètent un produit collant et visqueux, la résine, qui protège l'arbre des insectes et des champignons.

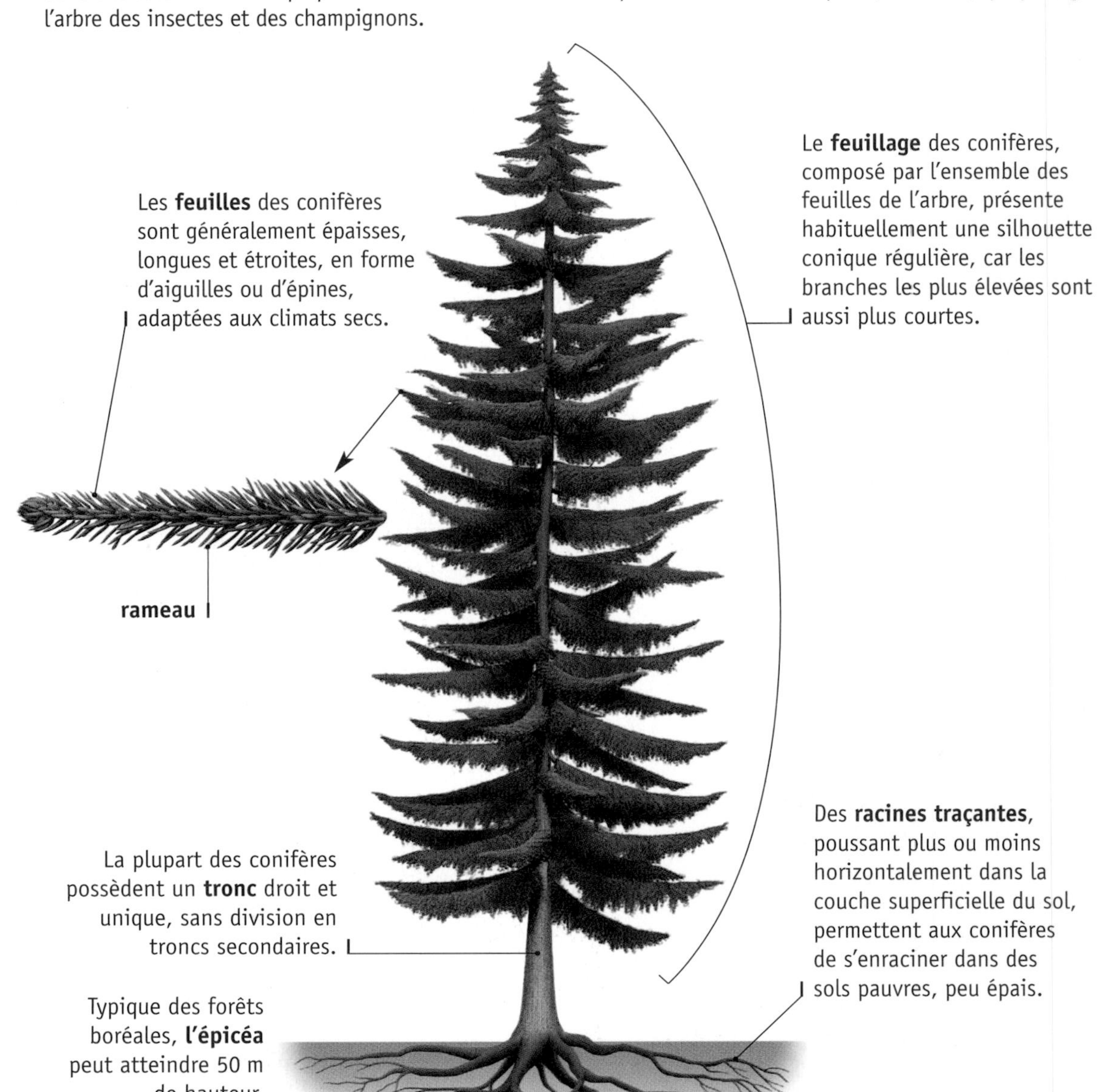
Les **feuilles** des conifères sont généralement épaisses, longues et étroites, en forme d'aiguilles ou d'épines, adaptées aux climats secs.
Le **feuillage** des conifères, composé par l'ensemble des feuilles de l'arbre, présente habituellement une silhouette conique régulière, car les branches les plus élevées sont aussi plus courtes.
**rameau**
La plupart des conifères possèdent un **tronc** droit et unique, sans division en troncs secondaires.
Des **racines traçantes**, poussant plus ou moins horizontalement dans la couche superficielle du sol, permettent aux conifères de s'enraciner dans des sols pauvres, peu épais.
Typique des forêts boréales, **l'épicéa** peut atteindre 50 m de hauteur.

## EXEMPLES DE CONIFÈRES

Si nombre de conifères sont de grands arbres adaptés aux régions froides, certains sont de taille modeste ou vivent dans des régions au climat chaud et sec.

Contrairement à la plupart des conifères, le **genévrier** est un petit arbre. Selon les espèces, sa taille varie de 1,5 m à 15 m de hauteur.

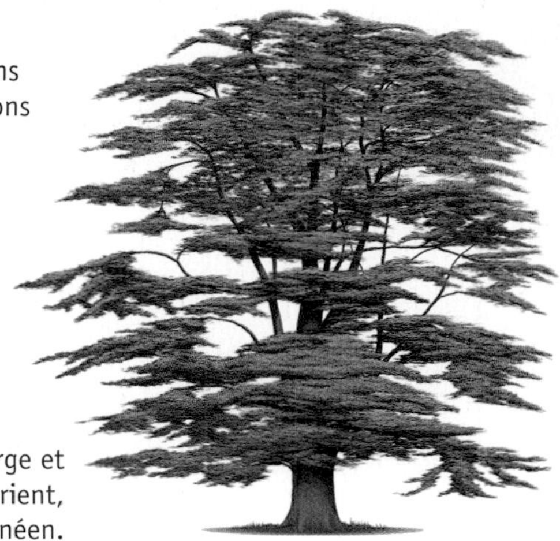

Le **cèdre du Liban**, au sommet large et aplati, est originaire du Proche-Orient, soumis au climat méditerranéen.

## LA REPRODUCTION DES CONIFÈRES

Les organes reproducteurs des conifères ont la forme de cônes. Les cônes mâles et femelles ❶ se développent sur les rameaux d'un même arbre. Les cônes mâles produisent de grandes quantités de grains de pollen ❷, les structures reproductives mâles de la plante. Les ovules ❸, structures reproductives femelles, sont portés par les écailles des cônes femelles. La fécondation de l'ovule par un grain de pollen produit une graine ❹, qui demeure sur le cône femelle jusqu'à maturité. Pendant la maturation des graines, le cône femelle durcit. À maturité, ses écailles s'écartent et les graines sont dispersées par le vent ❺. La graine germe pour former une plantule ❻. La plantule devient une plante lorsque les premières feuilles apparaissent ❼.

CYCLE DE REPRODUCTION D'UN CONIFÈRE

**cône femelle**

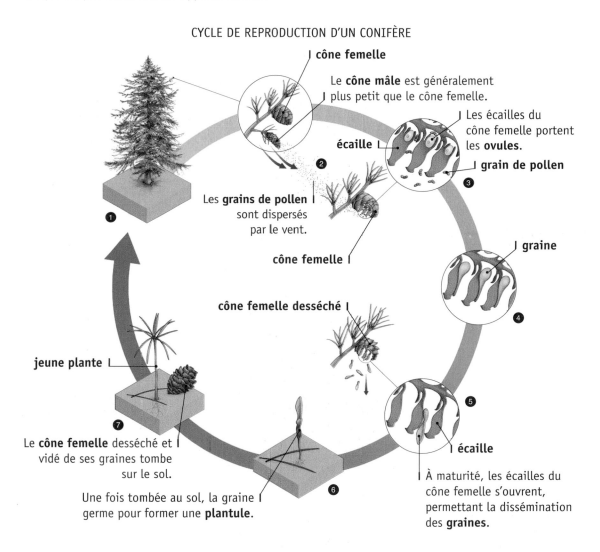

Le **cône mâle** est généralement plus petit que le cône femelle.

❶

❷

Les **grains de pollen** sont dispersés par le vent.

**cône femelle**

**écaille**

Les écailles du cône femelle portent les **ovules**.

**grain de pollen**

❸

**graine**

❹

**cône femelle desséché**

❺

**écaille**

À maturité, les écailles du cône femelle s'ouvrent, permettant la dissémination des **graines**.

❻

Une fois tombée au sol, la graine germe pour former une **plantule**.

**jeune plante**

❼

Le **cône femelle** desséché et vidé de ses graines tombe sur le sol.

Du rosier à l'acacia en passant par la vigne et le lilas, plus de 234 000 espèces de plantes à fleurs peuplent notre planète. Toutes différentes les unes des autres, elles ont en commun de posséder des organes très différenciés. La fleur, souvent colorée et parfumée, est l'organe de la reproduction, tandis que les racines, les tiges et les feuilles participent à la nutrition et à la croissance de la plante. Ces organes prennent des formes très variées et parfois trompeuses, comme les faux pétales de la fleur de tournesol.

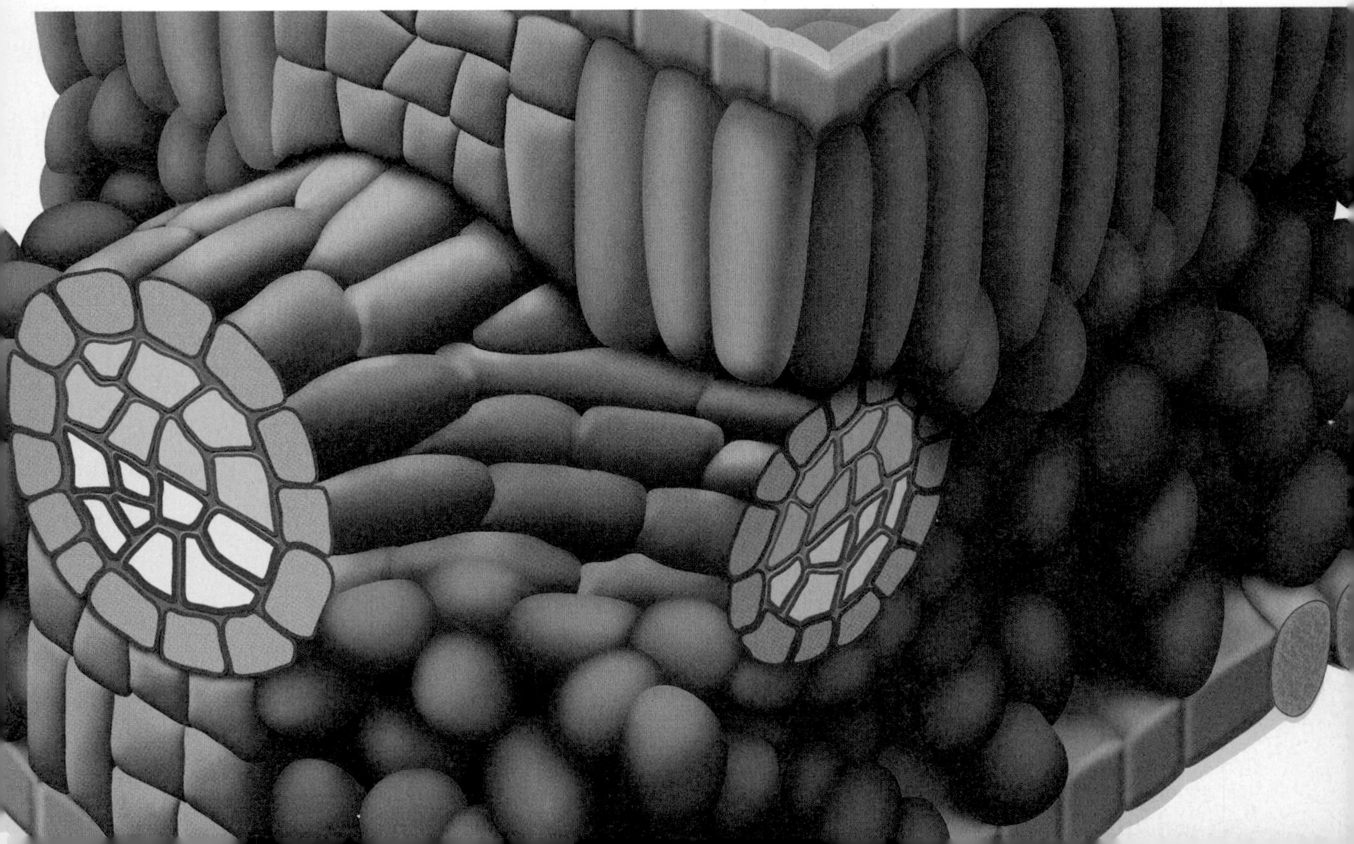

# Les plantes à fleurs


26 **L'anatomie des plantes à fleurs**
*Des organes très différenciés*

30 **La racine**
*Un réseau de pompage souterrain*

34 **La tige**
*L'axe principal de la plante*

37 **La feuille**
*Le capteur de lumière*

40 **La fleur**
*L'organe de la reproduction*

44 **Les inflorescences**
*Des arrangements floraux*

46 **Les arbres**
*Des végétaux faits de bois*

# L'anatomie des plantes à fleurs

## *Des organes très différenciés*

Les plantes à fleurs sont les plus nombreuses et les plus évoluées du règne végétal. Il en existe environ 234 000 espèces, réparties en quelque 300 familles. La diversité des plantes à fleurs est telle qu'elles ont colonisé tous les milieux, des cactus des zones arides aux nénuphars des étangs marécageux, et du blé des prairies aux fleurs estivales des régions polaires. Malgré cette diversité, l'anatomie des plantes à fleurs, c'est-à-dire leur structure, est similaire d'une plante à l'autre.

### LA STRUCTURE D'UNE PLANTE À FLEURS

Les plantes à fleurs se distinguent des autres végétaux par le fait qu'elles se reproduisent grâce à des fleurs. La fleur est l'appareil reproducteur le plus complexe du règne végétal. Le reste de la plante est composé de tiges, de feuilles et de racines (appareil végétatif). Ces organes sont formés de tissus différenciés : un tissu différencié possède certains types de cellules et une organisation particulière qui lui permettent de remplir une fonction spécifique dans la plante. Par exemple, le tissu du bourgeon terminal, au sommet de la tige, est spécialisé dans la croissance en hauteur. Les plantes à fleurs possèdent des tissus dont les cellules allongées en forme de vaisseaux sont spécialisées dans le transport des substances nutritives dans la plante.

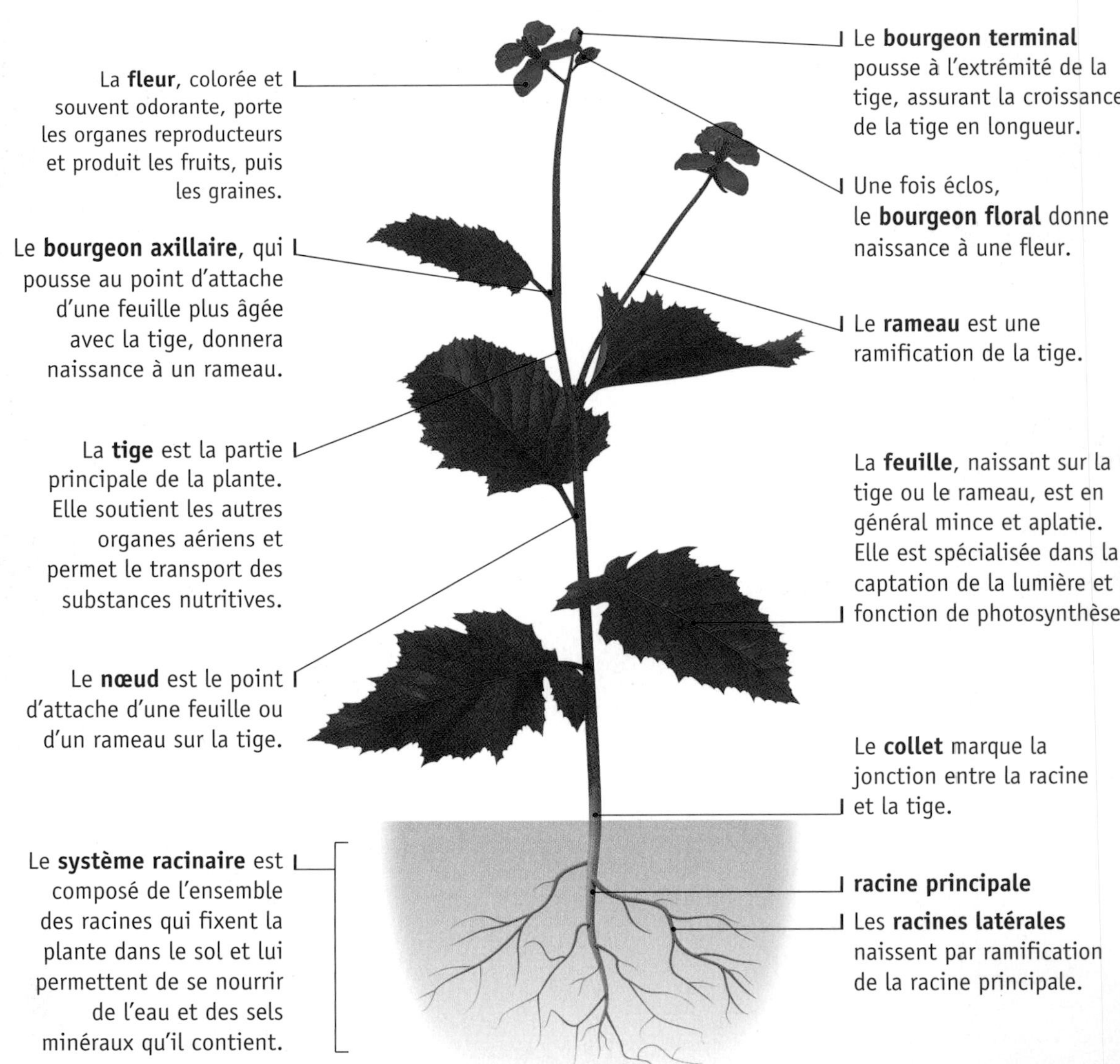
La **fleur**, colorée et souvent odorante, porte les organes reproducteurs et produit les fruits, puis les graines.
Le **bourgeon axillaire**, qui pousse au point d'attache d'une feuille plus âgée avec la tige, donnera naissance à un rameau.
La **tige** est la partie principale de la plante. Elle soutient les autres organes aériens et permet le transport des substances nutritives.
Le **nœud** est le point d'attache d'une feuille ou d'un rameau sur la tige.
Le **système racinaire** est composé de l'ensemble des racines qui fixent la plante dans le sol et lui permettent de se nourrir de l'eau et des sels minéraux qu'il contient.
Le **bourgeon terminal** pousse à l'extrémité de la tige, assurant la croissance de la tige en longueur.
Une fois éclos, le **bourgeon floral** donne naissance à une fleur.
Le **rameau** est une ramification de la tige.
La **feuille**, naissant sur la tige ou le rameau, est en général mince et aplatie. Elle est spécialisée dans la captation de la lumière et la fonction de photosynthèse.
Le **collet** marque la jonction entre la racine et la tige.
**racine principale**
Les **racines latérales** naissent par ramification de la racine principale.

## PLANTES HERBACÉES ET PLANTES LIGNEUSES

De nombreuses plantes à fleurs possèdent des tissus imprégnés de lignine, une substance qui leur confère une grande rigidité. Ces végétaux sont dits ligneux. Le tissu le plus riche en lignine est le bois, caractéristique des arbres. La tige et les branches rigides des plantes ligneuses jouent un rôle de soutien permettant à ces plantes de croître jusqu'à des tailles considérables.

Les plantes herbacées, au contraire, contiennent peu ou pas de lignine et sont flexibles. Elles ont une durée de vie généralement courte, souvent de un ou deux ans. Certaines cependant survivent plus longtemps : elles sont vivaces. Leurs organes aériens dégénèrent à l'automne et repoussent au printemps suivant à partir d'organes souterrains (racine, rhizome, bulbe...).

Très différentes en apparence, les plantes herbacées et ligneuses présentent pourtant les mêmes organes principaux : les racines, la tige, les feuilles et les fleurs.

fleurs

feuilles

fleur

feuille

La **tige** des plantes herbacées est flexible.

système racinaire

PLANTE À FLEURS HERBACÉE

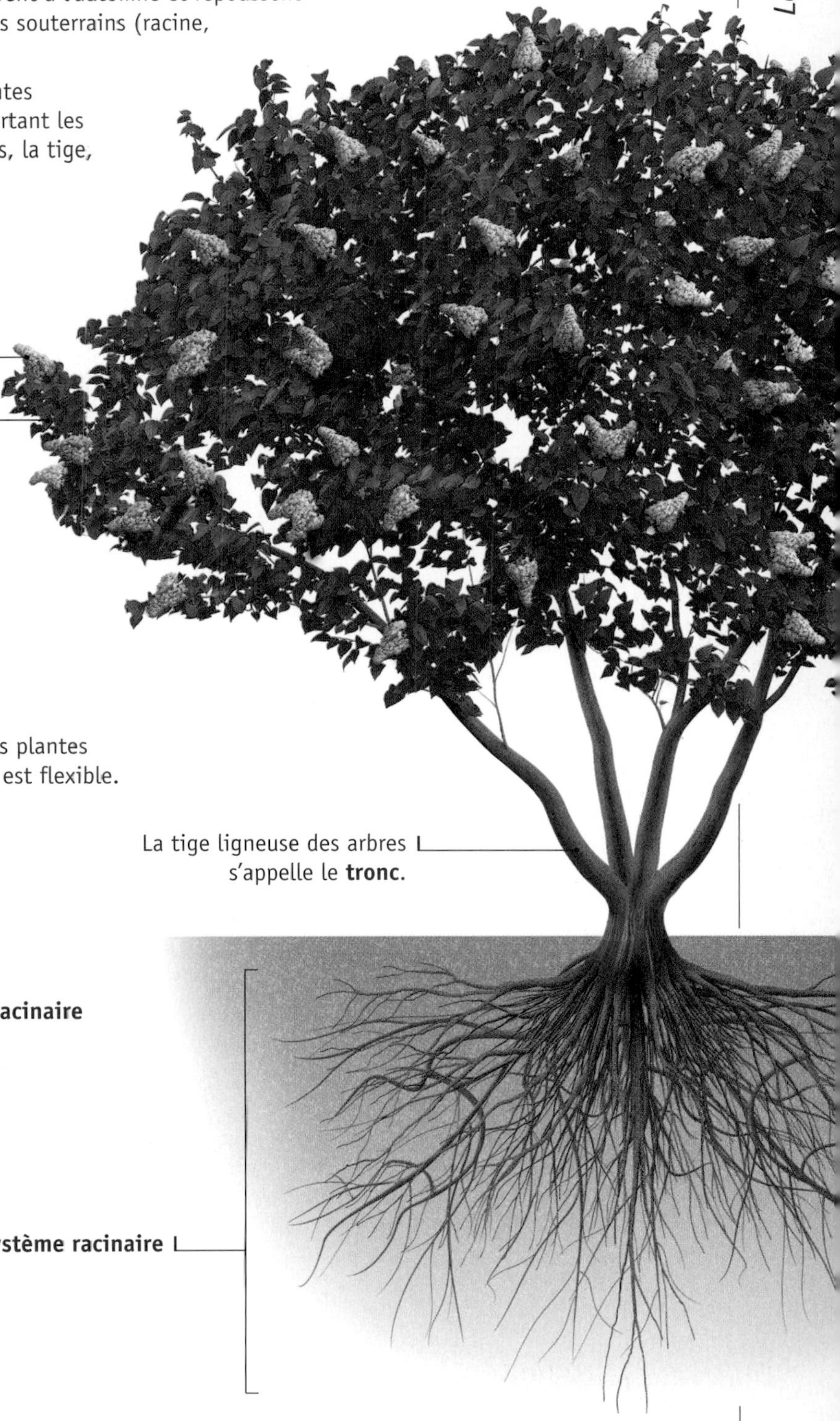

La tige ligneuse des arbres s'appelle le **tronc**.

système racinaire

PLANTE À FLEURS LIGNEUSE

## MONOCOTYLÉDONES ET DICOTYLÉDONES

On distingue habituellement deux classes de plantes à fleurs : les monocotylédones et les dicotylédones. Ces deux groupes présentent de nombreux caractères distinctifs. La graine des monocotylédones ne possède qu'une seule feuille embryonnaire (cotylédon), contre deux chez les dicotylédones. Les monocotylédones sont généralement des plantes herbacées, comme les céréales, les tulipes et les orchidées. Quelques espèces sont arborescentes : le palmier, par exemple, n'est pas un arbre, car il ne contient pas de bois, mais sa forme et sa taille lui donnent l'aspect d'un arbre. Plus des trois quarts des plantes à fleurs sont des dicotylédones. Cet ensemble regroupe de nombreuses espèces herbacées et la quasi-totalité des arbres.

| MONOCOTYLÉDONES | EXEMPLES DE MONOCOTYLÉDONES |
|---|---|
|  plantes herbacées, parfois arborescentes |  palmier |
|  embryon à un cotylédon<br>cotylédon | avoine |
|  feuilles à nervures parallèles<br>nervure | tulipe |
| 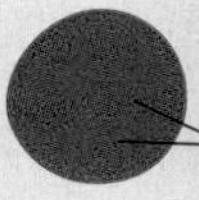 vaisseaux conducteurs de sève disposés sur deux cercles ou sans disposition définie<br>vaisseaux | |
| 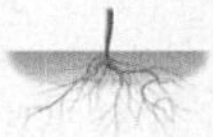 système racinaire entièrement ramifié | |

| DICOTYLÉDONES | EXEMPLES DE DICOTYLÉDONES |
|---|---|
|  plantes herbacées et ligneuses (arbres) |  chêne |
| 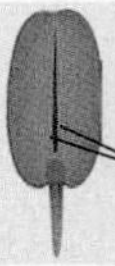 embryon à deux cotylédons<br>cotylédons | origan |
|  feuilles à nervures ramifiées<br>nervure | saule |
|  vaisseaux conducteurs de sève disposés en cercle<br>vaisseaux | |
|  racine principale persistante<br>racine principale | |

## LE CYCLE DE REPRODUCTION DES PLANTES À FLEURS

Le cycle de reproduction des plantes à fleurs se décompose en six étapes principales. Les fleurs ❶ portent les organes reproducteurs de la plante, qui produisent des grains de pollen et des ovules. Lors de la pollinisation ❷, les grains de pollen sont transportés, par le vent ou un insecte pollinisateur, d'une étamine au sommet du pistil, organe qui surmonte les ovaires. Le grain de pollen germe dans le pistil : il forme un tube pollinique qui s'allonge dans le pistil, pénètre dans l'ovaire et permet la fécondation de l'ovule ❸. L'ovule fécondé forme une graine. La maturation de l'ovaire conduit à la formation d'un fruit ❹ dans lequel les graines sont enfermées. Le fruit se détache de la plante mère, s'ouvre et dissémine les graines qu'il contient ❺. La germination d'une graine ❻ forme une plantule, qui se développe pour devenir une plante.

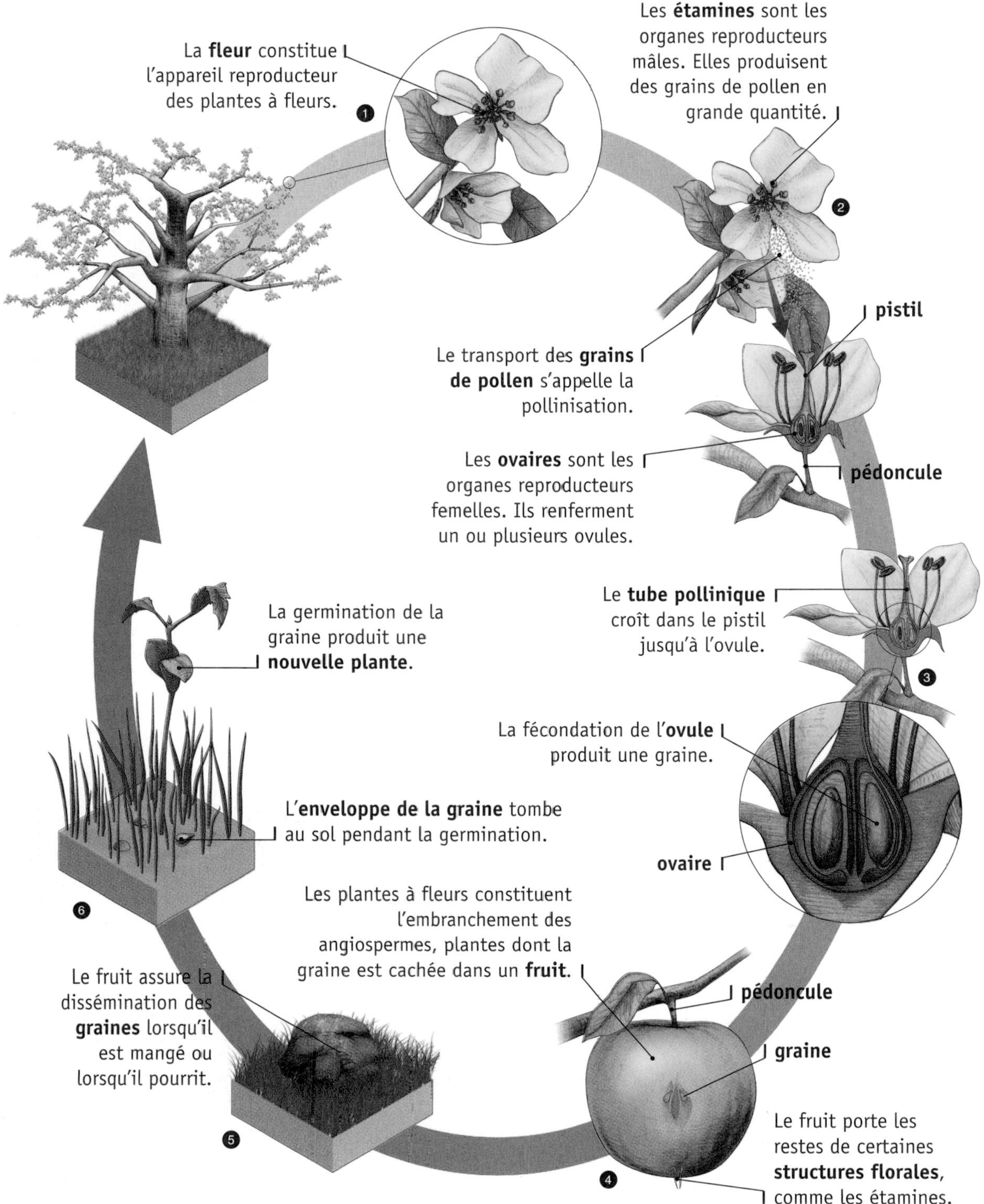
La fleur constitue l'appareil reproducteur des plantes à fleurs.
❶
Les étamines sont les organes reproducteurs mâles. Elles produisent des grains de pollen en grande quantité.
❷
pistil
Le transport des grains de pollen s'appelle la pollinisation.
Les ovaires sont les organes reproducteurs femelles. Ils renferment un ou plusieurs ovules.
pédoncule
Le tube pollinique croît dans le pistil jusqu'à l'ovule.
❸
La germination de la graine produit une nouvelle plante.
La fécondation de l'ovule produit une graine.
L'enveloppe de la graine tombe au sol pendant la germination.
ovaire
❻
Les plantes à fleurs constituent l'embranchement des angiospermes, plantes dont la graine est cachée dans un fruit.
Le fruit assure la dissémination des graines lorsqu'il est mangé ou lorsqu'il pourrit.
pédoncule
graine
❺
Le fruit porte les restes de certaines structures florales, comme les étamines.
❹

# La racine

## *Un réseau de pompage souterrain*

La racine est un organe ramifié qui assure la fixation de la plante dans le sol et qui lui permet d'y puiser les substances nutritives nécessaires à son développement. Elle remplit parfois d'autres fonctions, comme la mise en réserve de substances nutritives et le support mécanique de la plante.

### LE SYSTÈME RACINAIRE

L'ensemble des racines d'une plante constitue son système racinaire. Chez la plupart des plantes à fleurs et chez les conifères, le système racinaire est pivotant, c'est-à-dire que la racine principale, issue de la germination de la graine, est persistante. Elle constitue un pivot qui porte des ramifications appelées racines latérales. Les racines latérales possèdent les mêmes caractéristiques que la racine principale. Les ramifications les plus fines s'appellent des radicelles.

Chez certaines espèces, cependant, la racine principale de la jeune plante dégénère rapidement. Elle est remplacée par des racines ramifiées issues de la base de la tige (racines adventives), qui forment un système racinaire fasciculé. La ramification du système racinaire permet d'améliorer l'ancrage de la plante dans le sol et l'accès aux nappes phréatiques.

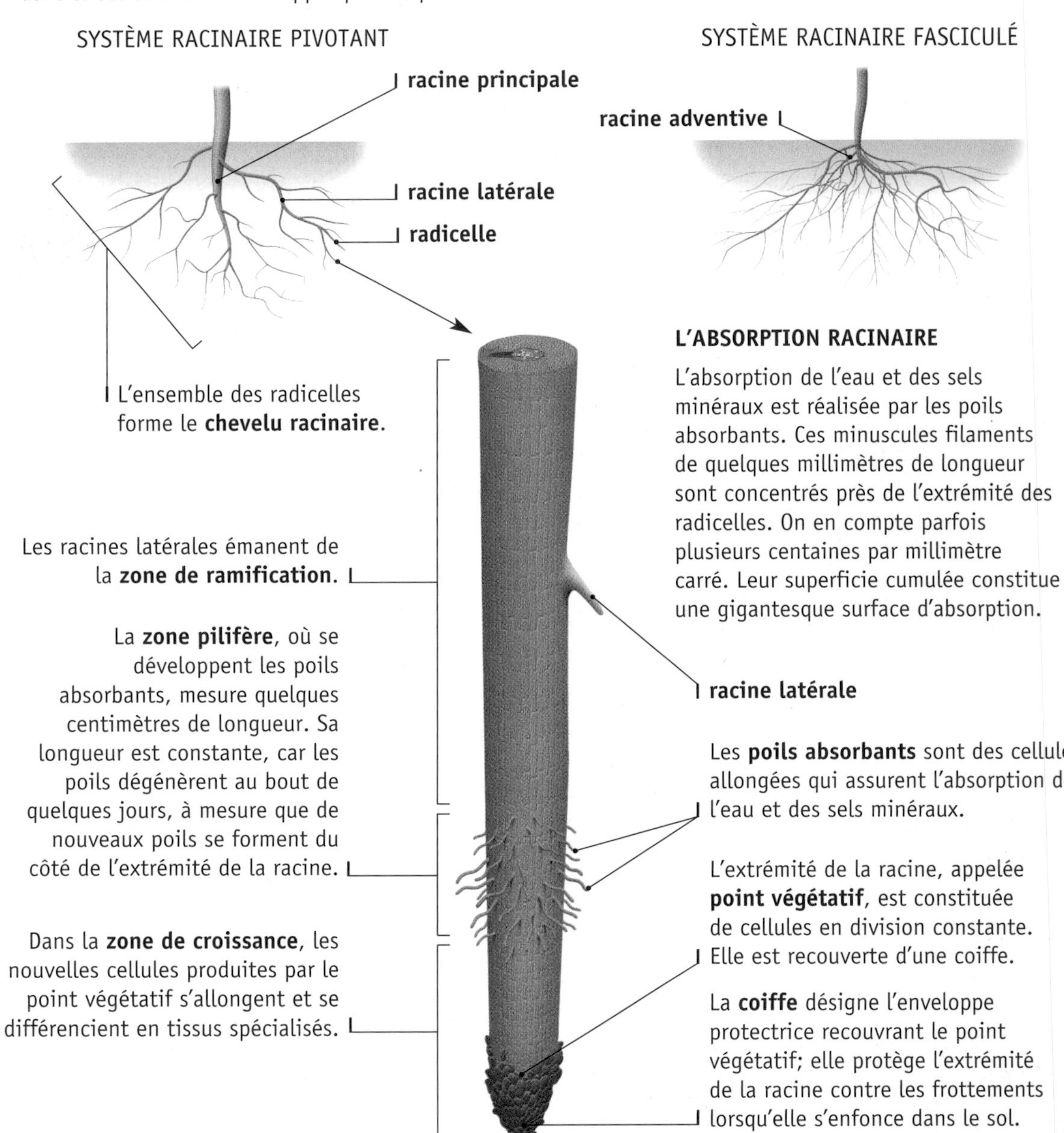
SYSTÈME RACINAIRE PIVOTANT
SYSTÈME RACINAIRE FASCICULÉ
racine principale
racine adventive
racine latérale
radicelle
L'ensemble des radicelles forme le **chevelu racinaire**.
Les racines latérales émanent de la **zone de ramification**.
La **zone pilifère**, où se développent les poils absorbants, mesure quelques centimètres de longueur. Sa longueur est constante, car les poils dégénèrent au bout de quelques jours, à mesure que de nouveaux poils se forment du côté de l'extrémité de la racine.
Dans la **zone de croissance**, les nouvelles cellules produites par le point végétatif s'allongent et se différencient en tissus spécialisés.
racine latérale
Les **poils absorbants** sont des cellules allongées qui assurent l'absorption de l'eau et des sels minéraux.
L'extrémité de la racine, appelée **point végétatif**, est constituée de cellules en division constante. Elle est recouverte d'une coiffe.
La **coiffe** désigne l'enveloppe protectrice recouvrant le point végétatif; elle protège l'extrémité de la racine contre les frottements lorsqu'elle s'enfonce dans le sol.

### L'ABSORPTION RACINAIRE

L'absorption de l'eau et des sels minéraux est réalisée par les poils absorbants. Ces minuscules filaments de quelques millimètres de longueur sont concentrés près de l'extrémité des radicelles. On en compte parfois plusieurs centaines par millimètre carré. Leur superficie cumulée constitue une gigantesque surface d'absorption.

## LA CROISSANCE DE LA RACINE

La croissance des racines en longueur résulte de la production continue de nouvelles cellules par le point végétatif, situé à l'extrémité des radicelles. Les racines de nombreuses plantes à fleurs peuvent aussi croître en largeur grâce au fonctionnement d'un tissu spécialisé appelé cambium. Le cambium produit chaque année des vaisseaux conducteurs de sève (xylème et phloème) qui se juxtaposent aux vaisseaux de l'année précédente et provoquent l'élargissement de la racine.

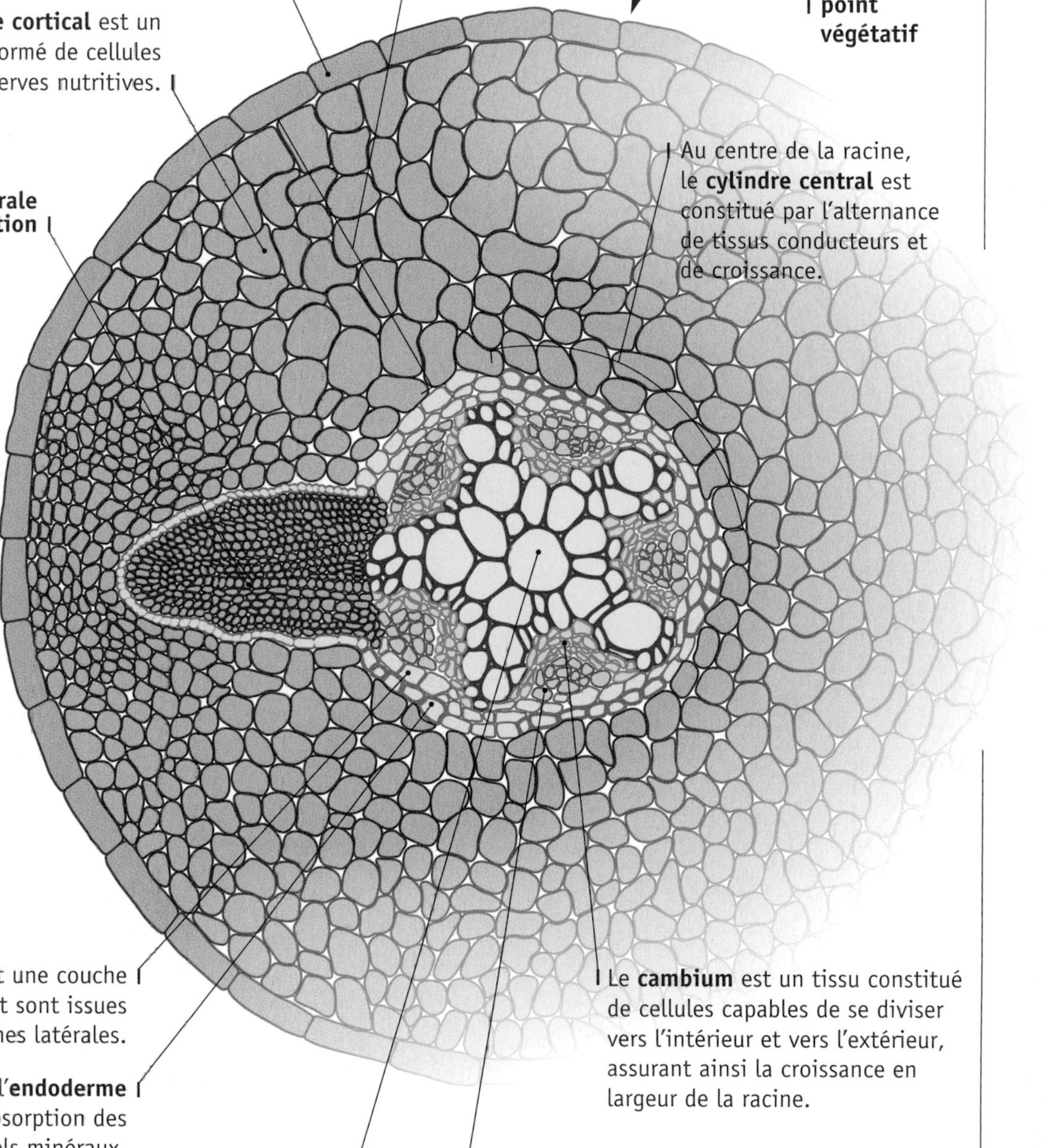

Les cellules de l'**épiderme** sont perméables uniquement lorsque la racine est jeune, sur les zones de croissance et pilifère.
Le **cortex** est formé de tissus de protection et de réserves.
**point végétatif**
Le **parenchyme cortical** est un tissu formé de cellules chargées de réserves nutritives.
Au centre de la racine, le **cylindre central** est constitué par l'alternance de tissus conducteurs et de croissance.
**racine latérale en formation**
Le **péricycle** est une couche de cellules dont sont issues les racines latérales.
Le **cambium** est un tissu constitué de cellules capables de se diviser vers l'intérieur et vers l'extérieur, assurant ainsi la croissance en largeur de la racine.
Les cellules de l'**endoderme** régulent l'absorption des sels minéraux.
Le **xylème** est un tissu conducteur dont les vaisseaux transportent l'eau et les sels minéraux de la racine vers le reste de la plante.
Le **phloème** est un tissu conducteur : il est formé de vaisseaux qui transportent la matière organique fabriquée par la plante des feuilles vers le reste de la plante.

## LES FONCTIONS DES RACINES

Une racine est généralement souterraine et elle pousse vers le bas. Ses principales fonctions sont de fixer la plante dans le sol et d'y absorber de l'eau et des sels minéraux. Cependant, très fréquemment, les racines présentent d'importantes modifications de structures. Ces racines modifiées remplissent des rôles variés dans la plante.

### SUPPORT MÉCANIQUE

Les plantes déploient parfois des racines aériennes qui servent d'appui ou de point d'ancrage sur un support. Les racines-piliers, par exemple, se forment sur les branches de certains arbres tropicaux et plongent vers le sol pour s'y fixer; elles forment alors des piliers qui soutiennent les branches. Les racines-contreforts et les racines-échasses consolident aussi la tige ou le tronc de certaines plantes (ficus tropical, maïs). D'autres types de racines, généralement de petite taille, permettent aux plantes de s'accrocher à un support, comme les racines-crampons du lierre.

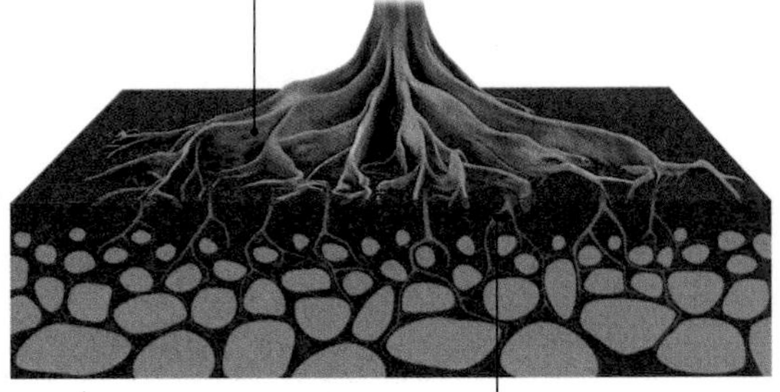
Les **racines-contreforts** jouent un rôle de soutien. Ces énormes racines aériennes se confondent avec le tronc et ne s'enfoncent que de quelques dizaines de centimètres sous terre.
L'absorption est réalisée par de fines **racines souterraines** qui s'immiscent dans la roche mère du sol.

Le **ficus tropical** est capable de pousser sur des sols peu profonds, étayé par des racines-contreforts.

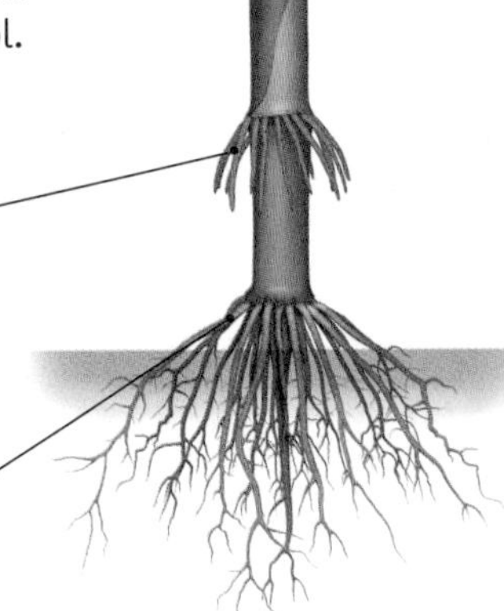
Les **racines aériennes** des nœuds les plus hauts dégénèrent à mesure que la plante croît.
**racine-échasse**

Le pied de **maïs** est stabilisé par des racines aériennes issues des nœuds inférieurs de la tige, appelées racines-échasses.

Le lierre possède le long de sa tige des **racines-crampons**, de petites racines aériennes qui adhèrent à un support.

Le **lierre** est une plante grimpante : il pousse sur le mur des maisons ou sur le tronc des arbres.

## RÉSERVES

De nombreuses plantes emmagasinent de l'amidon et d'autres sucres dans leurs racines. Les organes gonflés de réserves nutritives constituent des tubercules. Bien des légumes, comme le salsifis, la carotte ou la betterave à sucre, sont des tubercules de racines. Certaines plantes des milieux secs possèdent, quant à elles, des racines gorgées de réserves d'eau, qui leur permettent de survivre pendant une longue période de sécheresse.

La coriandre possède une **racine principale tubéreuse**.

La **coriandre** est une plante aromatique dont les feuilles s'utilisent comme le persil et les racines, comme l'ail.

## NUTRITION ET RESPIRATION

Les racines participent parfois à la nutrition et à la respiration de la plante. Par exemple, de nombreux arbres abritent des champignons microscopiques dans leur système racinaire : les champignons facilitent l'absorption de l'eau et des sels minéraux, et ils bénéficient des matières organiques fabriquées par la plante. Certaines racines aériennes contiennent de la chlorophylle dans leur écorce, ce qui leur permet de fabriquer de la matière organique, rôle habituellement dévolu aux feuilles. Les plantes légumineuses, quant à elles, s'alimentent en azote grâce à des bactéries associées à leurs racines. Enfin, certaines espèces des zones inondées respirent grâce à leurs racines modifiées.

**racine de soja**

Les **nodosités** sont de petites excroissances provoquées par la prolifération de bactéries capables de fixer l'azote de l'atmosphère. Elles contribuent à la nutrition azotée de la plante.

Les racines des légumineuses comme le **soja** comportent fréquemment des nodosités.

Dans les sols marécageux mal aérés, les racines s'alimentent en oxygène grâce à des ramifications qui poussent verticalement hors de la vase, appelées **pneumatophores**.

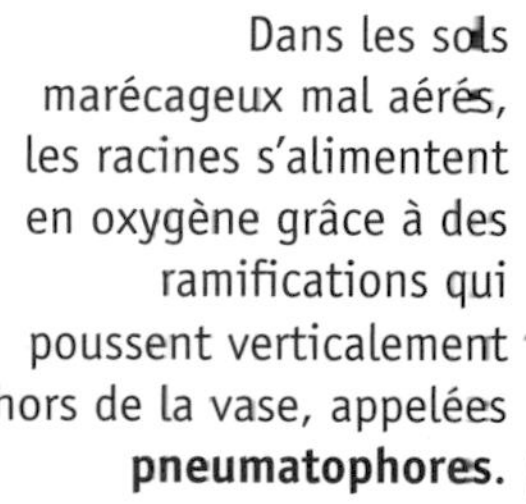

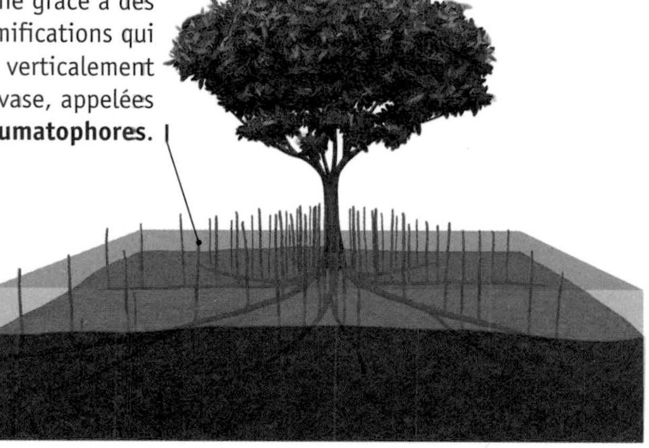

Les pneumatophores des **palétuviers** de la mangrove facilitent la respiration des cellules du système racinaire.

# La tige

*L'axe principal de la plante*

La tige est l'organe principal de la plante. Elle est constituée de tissus différenciés qui lui permettent de remplir trois fonctions principales : le soutien des branches, des feuilles et des fleurs, le transport de la sève et la croissance de la plante. Les tiges sont de types très variés : elles peuvent être aériennes ou souterraines, dressées ou rampantes, lisses, velues, crénelées ou encore épineuses. Les plantes herbacées possèdent des tiges souples, généralement vertes. Les arbres, en revanche, sont des plantes ligneuses : leurs tiges et leurs branches, rigides, sont constituées d'un tissu très riche en lignine, le bois.

## LA STRUCTURE DE LA TIGE

On distingue deux parties dans la tige : l'écorce et le cylindre central. L'écorce comprend la cuticule (une enveloppe cireuse qui protège la tige), l'épiderme (la couche cellulaire la plus externe de la tige) et le parenchyme cortical, dont les cellules, souvent riches en chlorophylle, participent à la nutrition de la plante par photosynthèse. L'écorce protège le cylindre central, composé de la moelle et de vaisseaux conducteurs de sève (xylème et phloème).

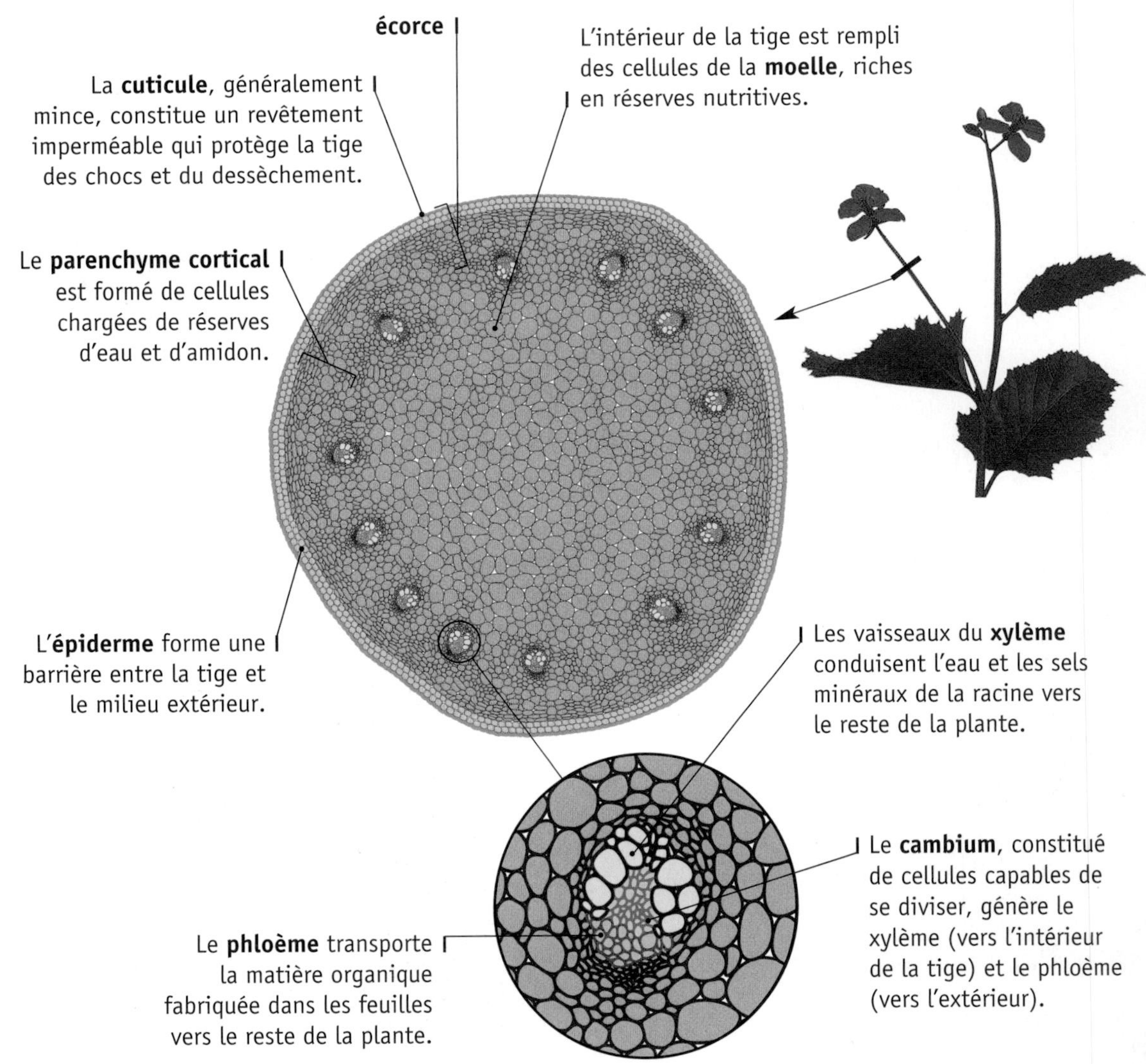
écorce
La cuticule, généralement mince, constitue un revêtement imperméable qui protège la tige des chocs et du dessèchement.
L'intérieur de la tige est rempli des cellules de la moelle, riches en réserves nutritives.
Le parenchyme cortical est formé de cellules chargées de réserves d'eau et d'amidon.
L'épiderme forme une barrière entre la tige et le milieu extérieur.
Les vaisseaux du xylème conduisent l'eau et les sels minéraux de la racine vers le reste de la plante.
Le cambium, constitué de cellules capables de se diviser, génère le xylème (vers l'intérieur de la tige) et le phloème (vers l'extérieur).
Le phloème transporte la matière organique fabriquée dans les feuilles vers le reste de la plante.

## LA DISPOSITION DES VAISSEAUX CONDUCTEURS DE SÈVE

La disposition des vaisseaux conducteurs de sève varie selon le type de plantes.

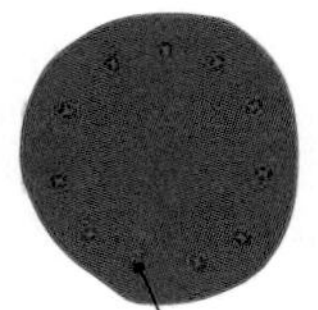
vaisseaux conducteurs de sève

Les vaisseaux conducteurs de sève des **dicotylédones** (la majorité des plantes à fleurs, notamment les arbres) sont disposés sur un cercle.

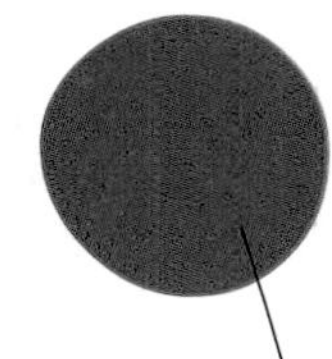
vaisseaux conducteurs de sève

Les vaisseaux conducteurs de sève des **monocotylédones** (plantes à fleurs généralement herbacées, comme le blé ou les orchidées) sont dispersés dans la tige ou disposés sur deux cercles concentriques.

## LES TIGES SOUTERRAINES

Les tiges souterraines sont des tiges modifiées qui poussent dans le sol. Elles sont très différentes des racines, tant dans leurs structures que dans leurs fonctions. Par exemple, contrairement aux racines, les tiges souterraines ne participent pas à l'assimilation de l'eau et des sels minéraux du sol. Les tiges souterraines remplissent deux rôles principaux : l'accumulation de réserves nutritives et la propagation de la plante par multiplication végétative (reproduction par fragmentation de la plante, sans intervention de cellules sexuelles). Les principaux types de tiges souterraines sont les rhizomes, les tubercules et les bulbes.

RHIZOME

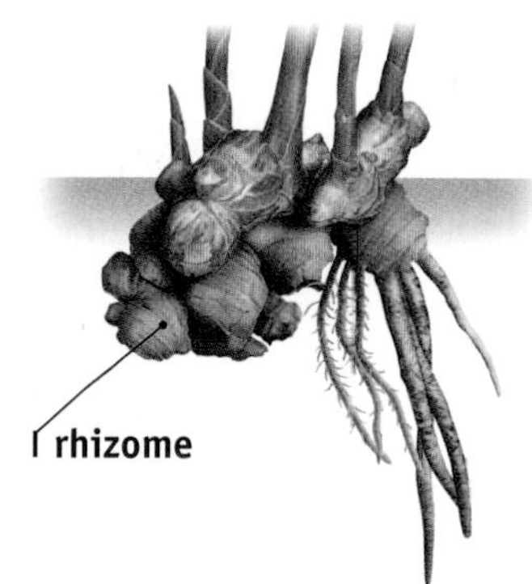
rhizome

Les rhizomes, tiges souterraines gonflées de réserves nutritives, se rencontrent chez de nombreuses espèces, comme le **gingembre**.

TUBERCULE

Un tubercule est un organe souterrain renflé par l'accumulation de réserves nutritives. Un même plant de **pommes de terre** possède de nombreux tubercules de tige.

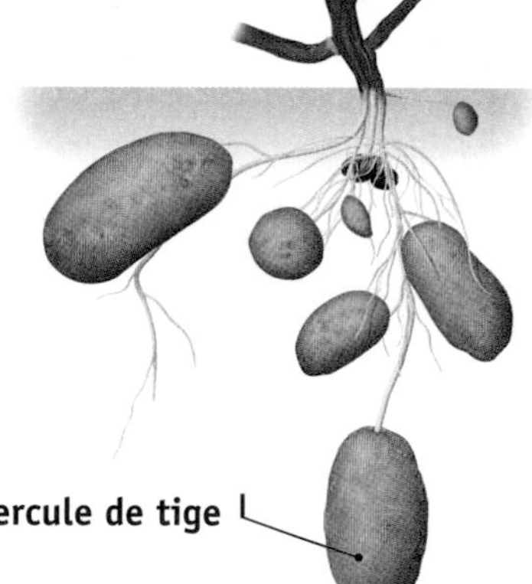
tubercule de tige

BULBE FEUILLÉ

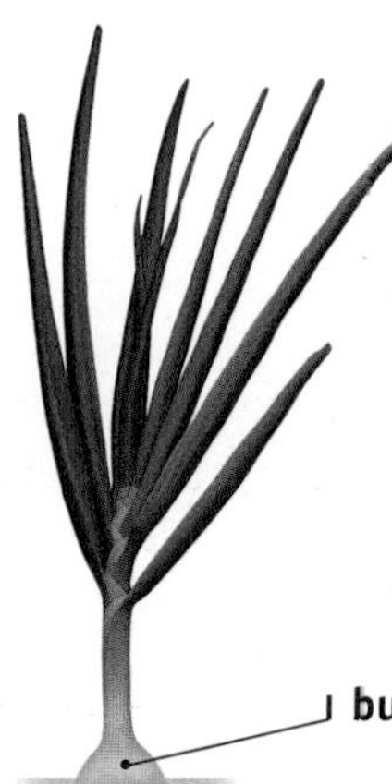
bulbe feuillé

L'**oignon** est un bulbe feuillé, formé par la superposition de feuilles chargées de réserves nutritives enfermant complètement la tige, très réduite.

BULBE SOLIDE

bulbe solide

Les bulbes solides, comme celui du **crocus**, sont formés par une tige souterraine courte gonflée de réserves nutritives, enveloppée dans les restes desséchés des premières feuilles.

## LES TIGES AÉRIENNES MODIFIÉES

Les tiges aériennes présentent de multiples adaptations qui leur permettent de remplir différentes fonctions dans la plante. La tige des plantes herbacées renferme fréquemment de la chlorophylle qui lui permet de participer à la nutrition de la plante par photosynthèse. Certaines tiges assument même entièrement ce rôle lorsque les feuilles sont déficientes : c'est le cas des tiges de cactus. Les tiges des plantes grimpantes ont une fonction de soutien : elles sont capables de gravir un support comme un mur, une treille ou encore un tronc d'arbre.

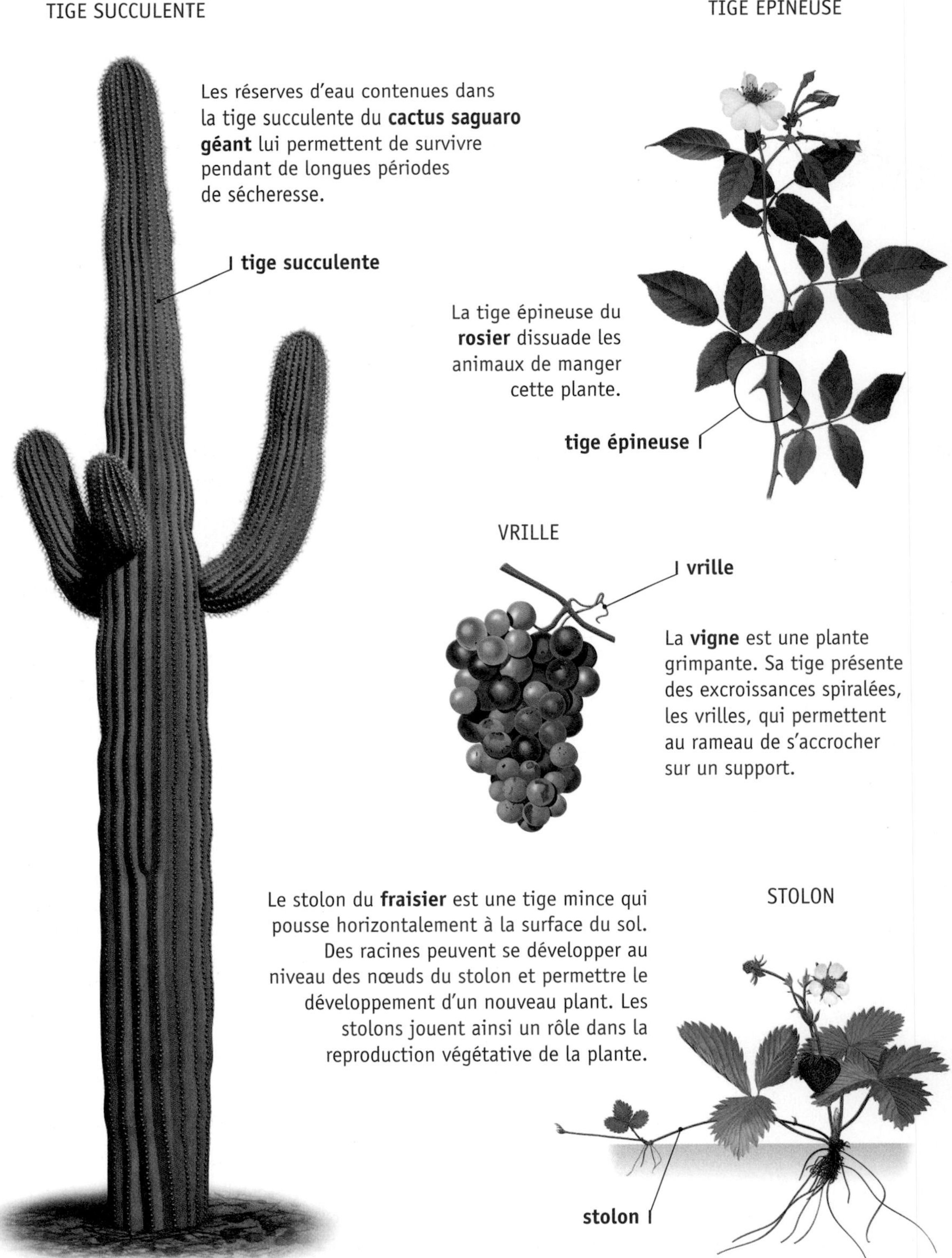
TIGE SUCCULENTE
Les réserves d'eau contenues dans la tige succulente du **cactus saguaro géant** lui permettent de survivre pendant de longues périodes de sécheresse.
tige succulente
TIGE ÉPINEUSE
La tige épineuse du **rosier** dissuade les animaux de manger cette plante.
tige épineuse
VRILLE
vrille
La **vigne** est une plante grimpante. Sa tige présente des excroissances spiralées, les vrilles, qui permettent au rameau de s'accrocher sur un support.
STOLON
Le stolon du **fraisier** est une tige mince qui pousse horizontalement à la surface du sol. Des racines peuvent se développer au niveau des nœuds du stolon et permettre le développement d'un nouveau plant. Les stolons jouent ainsi un rôle dans la reproduction végétative de la plante.
stolon

# La feuille

## *Le capteur de lumière*



La feuille est un organe généralement vert et aérien. Elle renferme de grandes quantités de chlorophylle, un pigment qui lui permet de capter l'énergie lumineuse et de l'utiliser pour produire des sucres par photosynthèse. La morphologie des feuilles, très variée, présente fréquemment des adaptations aux contraintes du milieu de vie de la plante.

**limbe**

**pétiole**

**nervure principale**

**nervure secondaire**

### LA STRUCTURE D'UNE FEUILLE

La feuille est rattachée à la tige par sa partie la plus étroite, le pétiole. La partie de la feuille la plus large s'appelle le limbe. Généralement mince et plat, le limbe est parcouru par un réseau de nervures qui lui donne sa souplesse et sa résistance et qui transporte la sève dans la feuille. L'intérieur de la feuille, appelé mésophylle, est composé de couches de cellules riches en chlorophylle, les parenchymes palissadique et lacuneux, spécialisés dans la fabrication de matière organique par photosynthèse.

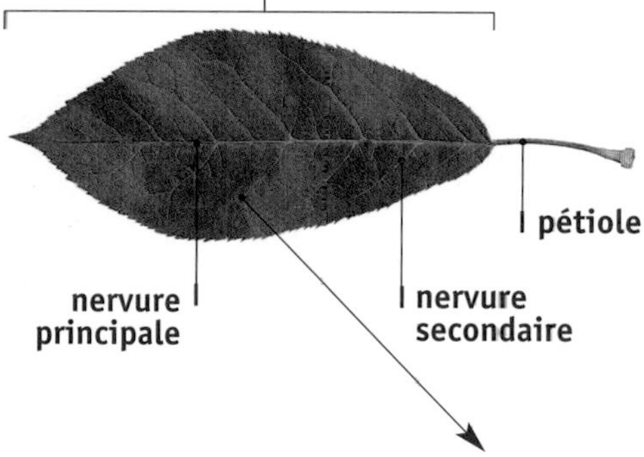

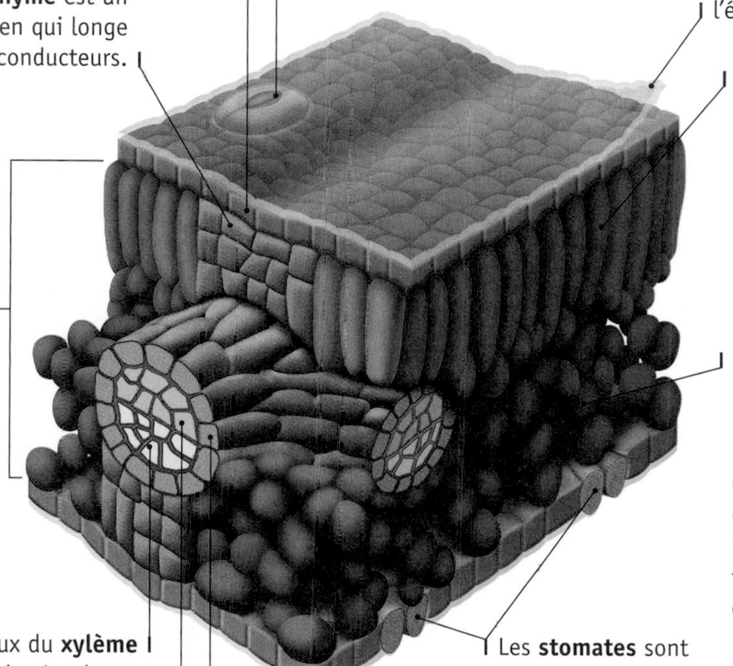

L'**épiderme**, composé de cellules accolées les unes aux autres, constitue une barrière entre l'intérieur de la feuille et le milieu extérieur.

Les **stomates** sont de petits orifices qui permettent les échanges gazeux.

La **cuticule** forme un revêtement cireux imperméable qui limite l'évaporation de l'eau.

Le **collenchyme** est un tissu de soutien qui longe les vaisseaux conducteurs.

Les cellules allongées du **parenchyme palissadique** sont riches en chlorophylle et captent efficacement la lumière.

**mésophylle**

Le **parenchyme lacuneux** est un tissu lâche formé de cellules riches en sucres issus de la photosynthèse, et d'espaces remplis d'air, les lacunes, qui facilitent les échanges gazeux dans la feuille.

Les vaisseaux du **xylème** transportent la sève brute (eau et sels minéraux).

Les **stomates** sont plus nombreux sur la face inférieure de la feuille.

Les vaisseaux du **phloème** conduisent la sève élaborée (sucres produits par photosynthèse).

Une enveloppe cellulaire, appelée **gaine périvasculaire**, protège les vaisseaux conducteurs. L'ensemble forme une nervure.

## DES FEUILLES ADAPTÉES AU MILIEU

La disposition et la forme des feuilles diffèrent selon le milieu de vie de la plante. Ces adaptations sont innombrables. Les plantes qui poussent à l'ombre possèdent généralement des feuilles plus grandes pour capter plus de lumière, tandis que les plantes carnivores disposent de feuilles transformées en pièges pour capturer des insectes.

Les **cactus**, adaptés aux milieux secs, possèdent fréquemment des feuilles réduites à l'état d'épines, ce qui limite les pertes d'eau par évaporation.

Les feuilles du **nymphéa** ont peu de stomates et ceux-ci sont disposés sur la face émergée de façon à optimiser les échanges gazeux.

## LA NERVATION ET LE BORD DES FEUILLES

La nervation d'une feuille désigne la disposition du réseau de nervures dans le limbe. Le bord des feuilles peut prendre des aspects très divers, selon la forme et la profondeur des découpures. L'étude de la nervation et du bord d'une feuille est souvent nécessaire pour identifier l'espèce à laquelle la feuille appartient.

### LES TYPES DE NERVATIONS D'UNE FEUILLE

**feuille penninerve**

Le limbe porte une nervure principale médiane et des nervures secondaires disposées régulièrement de chaque côté.

**nervure secondaire**

**nervure principale au milieu du limbe**

**feuille uninerve**

Le limbe, étroit, est parcouru par une seule nervure.

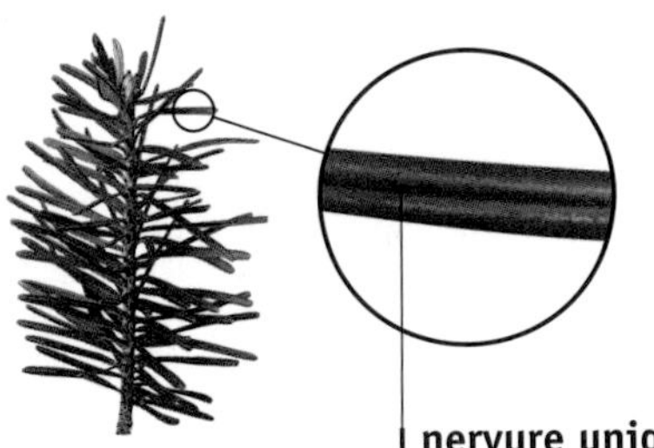
nervure unique

**feuille palmitinerve**

Le pétiole se divise en un nombre impair de nervures, toutes divergentes à partir d'un même point.

point de divergence des nervures

**feuille parallélinerve**

Le limbe, généralement allongé, est parcouru de nervures parallèles les unes aux autres.

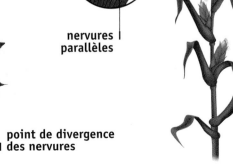

**nervures parallèles**

### LES TYPES DE BORDS D'UNE FEUILLE

**entier**

Bord d'une feuille ne présentant aucune découpure.

**lobé**

Bord d'une feuille découpé par de profondes échancrures.

**denté**

Bord d'une feuille pourvu de dents pointues de taille similaire.

**crénelé**

Bord d'une feuille pourvu de dents au sommet arrondi.

**cilié**

Bord d'une feuille entouré de poils courts et minces appelés cils.

**doublement denté**

Bord d'une feuille pourvu de dents de différentes tailles.

## FEUILLES SIMPLES ET FEUILLES COMPOSÉES

Les feuilles dont le limbe n'est pas divisé en parties indépendantes sont appelées feuilles simples. Il en existe de nombreux types classés selon la forme du limbe. Les feuilles composées, au contraire, possèdent un limbe divisé en parties distinctes, les folioles. On distingue plusieurs types de feuilles composées selon la disposition des folioles.

### LES TYPES DE FEUILLES SIMPLES

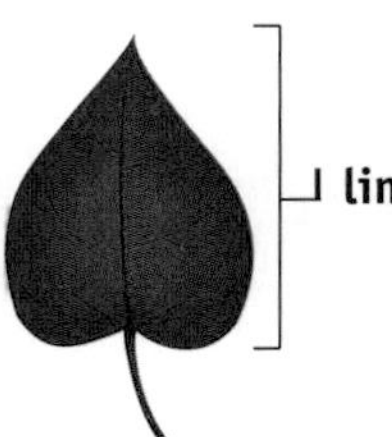
limbe

**cordée**

Le limbe prend la forme d'un cœur.

**réniforme**

La forme du limbe rappelle celle d'un rein.

**arrondie**

Le limbe prend une forme plus ou moins arrondie.

**ovoïde**

Le limbe prend la forme d'un œuf.

**lancéolée**

Le limbe étroit, plus long que large, se termine en forme de pointe.

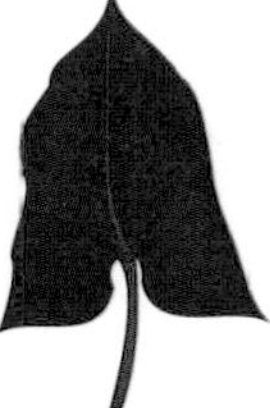

**hastée**

Le limbe prend la forme d'un fer de lance.

**spatulée**

Le limbe s'élargit pour prendre la forme d'une spatule.

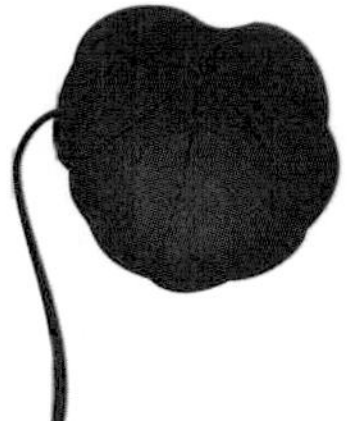

**peltée**

Le pétiole est fixé perpendiculairement au milieu de la face inférieure du limbe.

**linéaire**

Le limbe, long et très étroit, possède des bords presque parallèles.

### LES TYPES DE FEUILLES COMPOSÉES

limbe
foliole

**trifoliée**

Le limbe est composé de trois folioles distinctes.

**pennée**

Les folioles sont disposées des deux côtés d'un pétiole commun.

**imparipennée**

Le pétiole principal d'une feuille pennée se termine par une foliole unique.

**palmée**

Toutes les folioles sont réunies en un même point au sommet du pétiole.

**paripennée**

Le pétiole principal d'une feuille pennée se termine par deux folioles opposées.

# La fleur

## *L'organe de la reproduction*

La fleur est l'organe caractéristique des plantes à fleurs. Elle résulte de la spécialisation d'un rameau feuillé dans la fonction de reproduction de la plante. La fleur est constituée de pétales, de sépales et d'organes reproducteurs. Elle produit des ovules et des grains de pollen, porteurs des cellules reproductrices de la plante. La fécondation de l'ovule par un grain de pollen conduit à la formation d'une graine, qui se développe enfermée dans un fruit.

### LA STRUCTURE D'UNE FLEUR

Une fleur comporte habituellement des pétales, des sépales et des organes reproducteurs. Cette organisation typique est fréquemment modifiée. Par exemple, la fleur d'ortie est dépourvue de pétales; elle est dite apétale. Chez la majorité des plantes à fleurs, les organes reproducteurs mâles et femelles sont portés par une même fleur (fleur mixte, ou hermaphrodite, comme le lis). Mais chez certaines espèces, il existe des fleurs mâles et des fleurs femelles distinctes. Elles sont portées par un même plant (espèce monoïque, comme le maïs) ou par des plants séparés (espèce dioïque, comme le kiwi). Les fleurs possèdent cependant une caractéristique invariable : les ovules sont toujours enfermés dans un organe creux, l'ovaire. La fécondation de l'ovule conduit à la formation d'une graine et d'un fruit.

La **fleur** se développe à partir d'un bourgeon floral, soit à l'extrémité d'un rameau feuillé, soit à l'aisselle d'une feuille.
L'**anthère** produit les grains de pollen; à maturité, elle s'ouvre pour laisser ces grains s'échapper.
Le **style** relie le stigmate à l'ovaire.
Le **stigmate**, partie supérieure du pistil, reçoit et retient le pollen.
L'**ovaire** est un organe creux qui abrite un ou plusieurs ovules. Après la fécondation, il forme généralement le fruit.
Le **filet** relie l'anthère au reste de la fleur.
Souvent colorés et parfumés, les **pétales** entourent les éléments reproducteurs.
Extrémité élargie du pédoncule, le **réceptacle** soutient les autres parties de la fleur.
Les **sépales** sont des pièces florales normalement vertes qui protègent les organes internes de la fleur. Ils peuvent tomber après la floraison ou persister jusqu'à la maturité du fruit.
L'**ovule** est un petit corps arrondi, fabriqué par un ovaire, qui renferme la cellule sexuelle femelle. Après la fécondation, il forme la graine.
Ramification terminale de la tige ou du rameau, le **pédoncule** relie la fleur, puis le fruit, à la plante.

## LE DIAGRAMME FLORAL

Les éléments qui constituent la fleur sont appelés pièces florales. On distingue quatre types de pièces florales : les sépales, qui forment le calice, les pétales, qui composent la corolle, et les organes reproducteurs mâles (les étamines) et femelles (les pistils). Les pièces florales sont disposées en cercles concentriques. Un diagramme floral permet de représenter de manière schématique la disposition des pièces florales d'une fleur donnée.

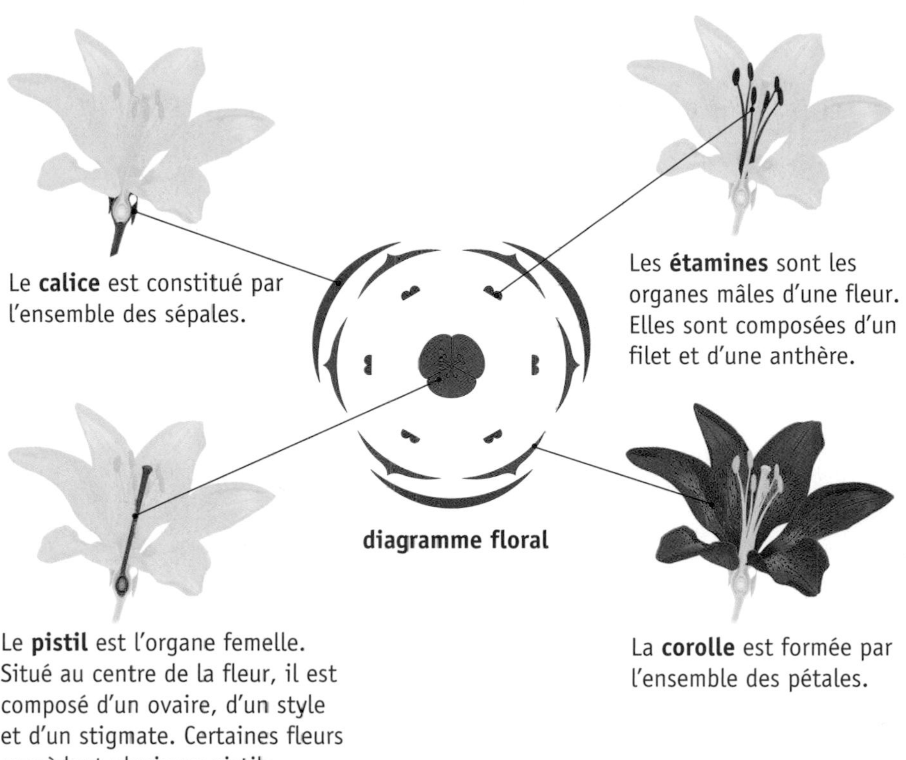

Le **calice** est constitué par l'ensemble des sépales.
Les **étamines** sont les organes mâles d'une fleur. Elles sont composées d'un filet et d'une anthère.
**diagramme floral**
Le **pistil** est l'organe femelle. Situé au centre de la fleur, il est composé d'un ovaire, d'un style et d'un stigmate. Certaines fleurs possèdent plusieurs pistils.
La **corolle** est formée par l'ensemble des pétales.


## LA DIVERSITÉ DES FLEURS

On dénombre au total environ 234 000 espèces de plantes à fleurs, soit autant de fleurs différentes. C'est dire l'extrême diversité des fleurs ! Depuis leur apparition, il y a plus de 115 millions d'années, les plantes à fleurs ont colonisé tous les milieux, pour la plupart terrestres, et leurs fleurs se sont adaptées en conséquence.

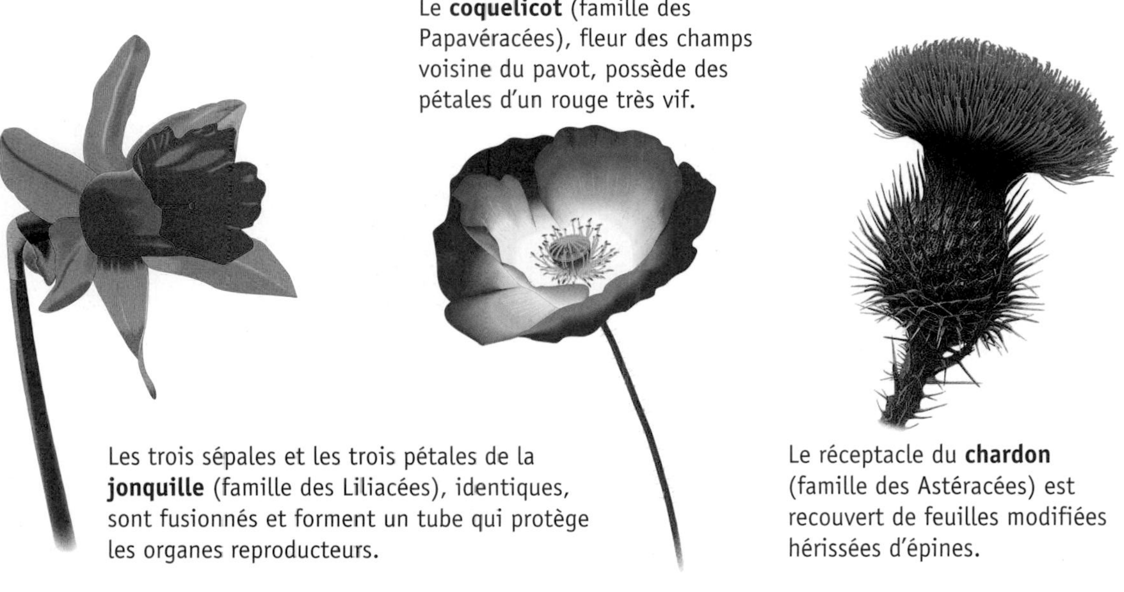

Le **coquelicot** (famille des Papavéracées), fleur des champs voisine du pavot, possède des pétales d'un rouge très vif.
Les trois sépales et les trois pétales de la **jonquille** (famille des Liliacées), identiques, sont fusionnés et forment un tube qui protège les organes reproducteurs.
Le réceptacle du **chardon** (famille des Astéracées) est recouvert de feuilles modifiées hérissées d'épines.

## LES FAMILLES DE FLEURS

Les 234 000 espèces de plantes à fleurs sont classées selon leurs caractéristiques en quelque 300 familles. Les trois principales familles de plantes à fleurs sont celles des Astéracées, aussi appelées Composées (marguerite), des Orchidacées (orchidée) et des Fabacées (pois), qui totalisent le quart des plantes à fleurs.

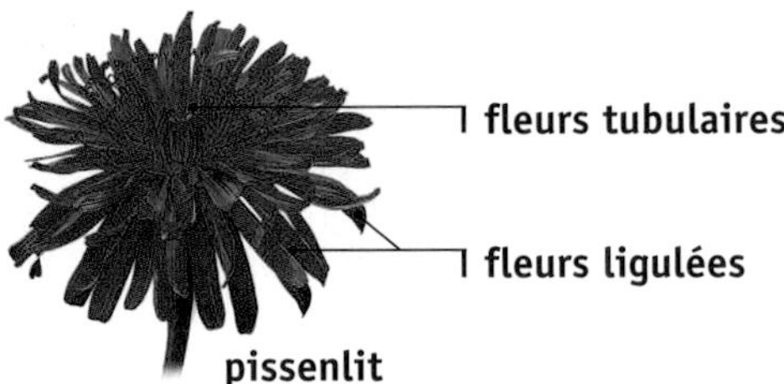
fleurs tubulaires
fleurs ligulées

**pissenlit**

fleurs ligulées
fleurs tubulaires

**marguerite**

Le pissenlit et la marguerite appartiennent à la famille des **Astéracées**, qui regroupe au total plus de 20 000 espèces. Ces fleurs composées sont constituées de dizaines de fleurs très petites serrées les unes contre les autres. Celles du centre sont tubulaires, leurs minuscules pétales étant soudés. Les fleurs de la périphérie sont dites ligulées : elles possèdent des extensions latérales qui forment une couronne de faux pétales.

Le pois appartient à la famille des **Fabacées**, ou Légumineuses, la troisième famille la plus vaste, avec plus de 10 000 espèces. La plupart des Fabacées possèdent une corolle papillonnacée (en forme de papillon).

Les **Orchidacées** sont parmi les fleurs les plus évoluées. On en compte plus de 15 000 espèces.

Le **labelle** est un pétale en forme de plate-forme colorée très attirant pour les insectes pollinisateurs.

sépales
pétales

## LE PRODUIT DE L'ÉVOLUTION

Au fil de l'évolution, les plantes se sont adaptées aux contraintes de leurs milieux de vie. L'adaptation des fleurs au milieu leur permet de remplir plus efficacement leur fonction de reproduction de la plante. La reproduction nécessite le transport des grains de pollen d'une fleur à l'autre. Ce transport, appelé pollinisation, fait souvent intervenir des insectes. De nombreuses fleurs, comme le lis, se sont adaptées en développant des couleurs vives et des nectars odorants, sucrés et collants, très attirants pour les insectes pollinisateurs. Le degré d'évolution d'une fleur est aussi signalé par le nombre, la forme et la disposition de ses pièces florales. Le bouton d'or, par exemple, a de nombreux exemplaires de chaque type de pièce florale disposés symétriquement. L'orchidée, au contraire, possède deux pétales semblables à ses trois sépales, et un troisième pétale très différent, le labelle. Cette morphologie à symétrie bilatérale caractérise les fleurs les plus évoluées.

Les **lis** (famille des Liliacées) sont des fleurs de grande taille très colorées et généralement très parfumées.

La fleur du **bouton d'or** (famille des Renonculacées) présente une organisation relativement primitive, avec cinq sépales, cinq pétales et des étamines et des pistils en grand nombre.

## LES FLEURS CULTIVÉES

Les fleurs cultivées pour leur beauté sont des fleurs d'ornement. Les roses, les tulipes, les primevères et les orchidées embellissent ainsi les jardins et servent à souligner des occasions spéciales. Les fleurs sont aussi cultivées à des fins alimentaires : certaines fleurs sont directement comestibles (chou-fleur, courgette), d'autres sont cultivées pour produire des épices (crocus). De très nombreuses fleurs entrent dans la composition de préparations médicamenteuses, notamment l'arnica, la violette, la lavande et le coquelicot, ou encore cosmétiques, pour l'élaboration de parfums ou d'huiles essentielles incorporées dans des crèmes et des savons (rose, jasmin, violette, muguet, mimosa, œillet).

La **primevère** est une petite fleur décorative aux teintes diverses qui fleurit tôt au printemps.

La fleur d'**œillet**, très parfumée et de couleurs variées, est parfois portée à la boutonnière lors de cérémonies.

Le safran provient des pistils de ***Crocus sativus***, une espèce principalement cultivée en Inde, en Espagne et au Moyen-Orient. Le safran est utilisé pour épicer de nombreux plats comme la bouillabaisse et la paella.

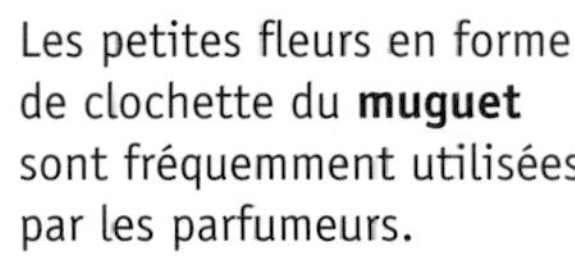

Les petites fleurs en forme de clochette du **muguet** sont fréquemment utilisées par les parfumeurs.

Il existe environ 100 espèces de **tulipes**, de toutes les couleurs. La majorité des bulbes de tulipes sont cultivés aux Pays-Bas.

La **rose** est cultivée en grandes quantités pour sa beauté, son parfum et la variété de ses coloris.

La fleur de **courgette**, extrêmement périssable, est consommée sautée, en beignet ou farcie.

La fleur de **violette** se mange en salade ou sous forme de bonbons. Elle est aussi utilisée en pharmacie, notamment pour ses propriétés anti-inflammatoires.

Originaire d'Amérique du Sud, le **bégonia** est une fleur d'ornement appréciée pour ses couleurs éclatantes.

# Les inflorescences

## *Des arrangements floraux*

Les fleurs se présentant de façon isolée, comme la tulipe, sont rares. Elles sont plus souvent regroupées sur la tige ou un rameau de la plante selon une disposition déterminée appelée inflorescence. La croissance de la plante et l'ordre d'apparition des fleurs donnent lieu à différents types d'inflorescences.

### LES INFLORESCENCES INDÉFINIES

Les inflorescences indéfinies sont des inflorescences à croissance monopodiale : l'axe principal s'allonge continuellement et il émet latéralement des fleurs ou des rameaux portant des fleurs. Les fleurs de la base s'ouvrent les premières, celles du sommet les dernières. L'inflorescence indéfinie typique est la grappe, de laquelle dérivent l'épi, l'ombelle, le corymbe, le spadice et le capitule.

GRAPPE

L'axe principal porte latéralement des fleurs munies de pédoncules de longueur égale.

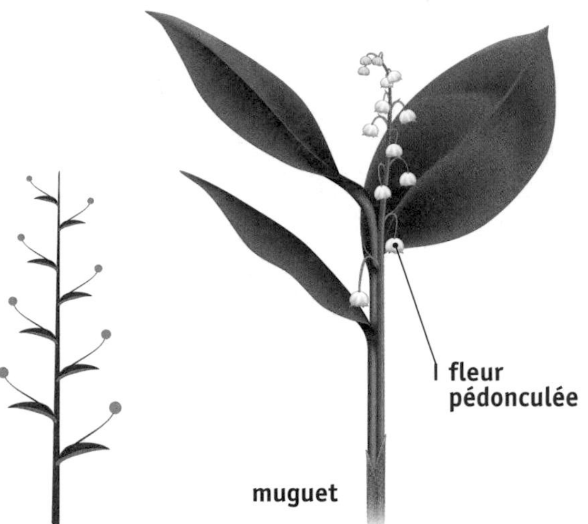
fleur pédonculée
muguet

ÉPI

L'axe principal porte latéralement des fleurs sans pédoncule.

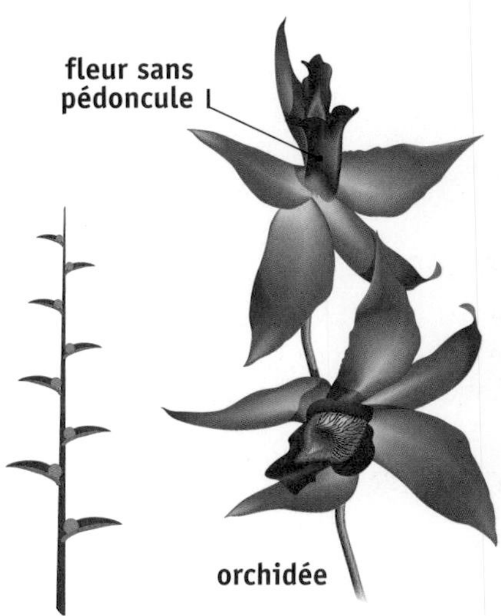
fleur sans pédoncule
orchidée

OMBELLE

L'axe principal porte latéralement des fleurs munies de pédoncules de longueur égale partant tous du même point.

CORYMBE

L'axe principal porte latéralement des fleurs munies de pédoncules de longueur inégale se terminant tous à la même hauteur.

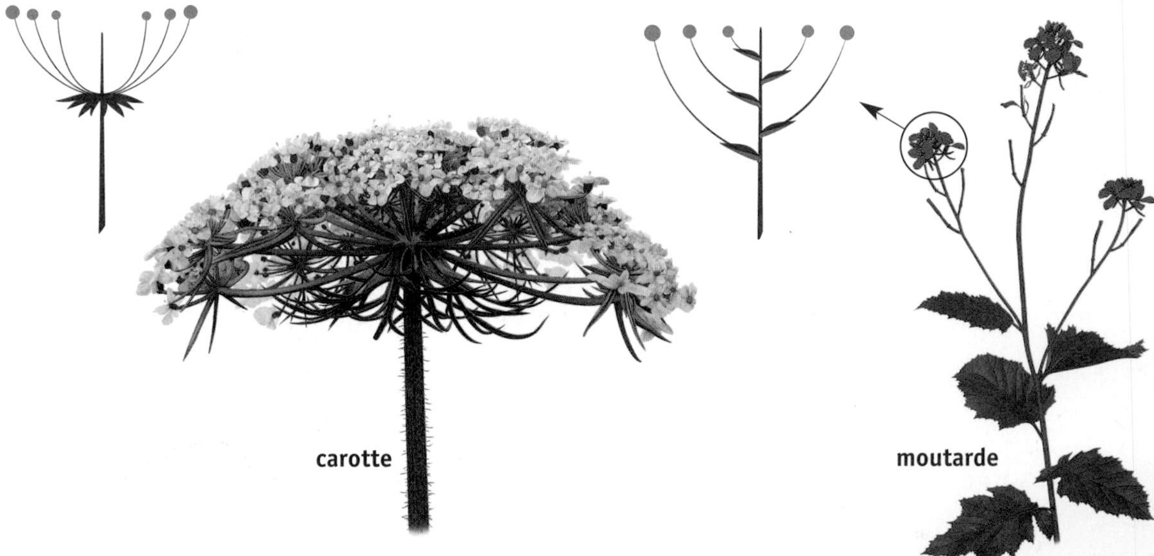
carotte
moutarde

SPADICE

Des fleurs sans pédoncule sont insérées sur un réceptacle commun en forme d'ovale allongé.

CAPITULE

Des fleurs sans pédoncule sont insérées sur un réceptacle commun en forme de plateau.

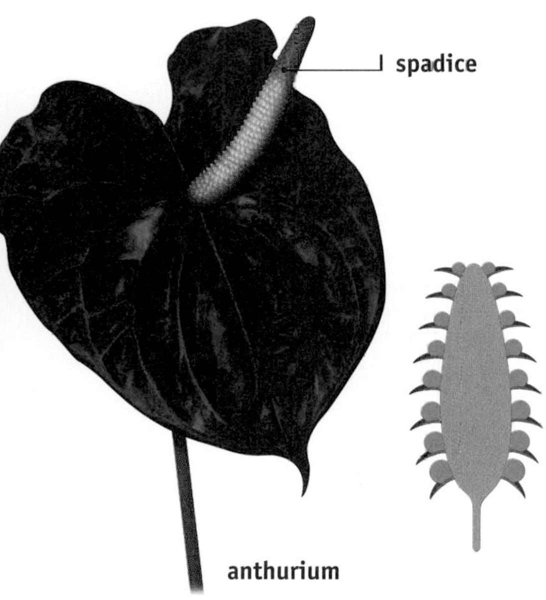
spadice
anthurium

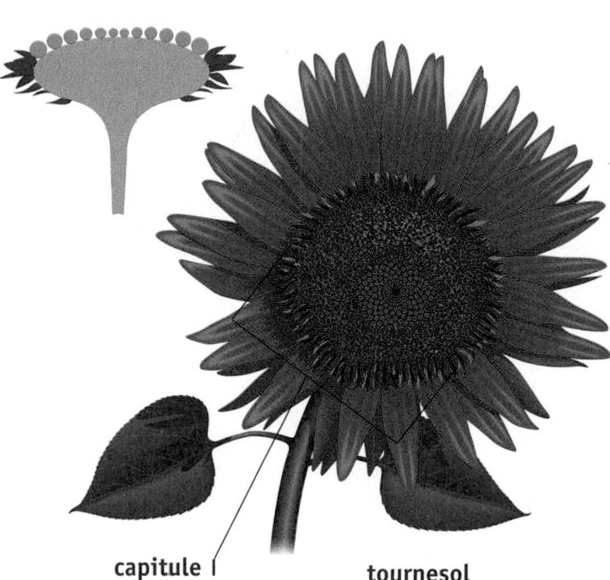
capitule
tournesol

## LES INFLORESCENCES DÉFINIES

Les inflorescences définies sont des inflorescences à croissance sympodiale : l'axe principal se termine par un bourgeon floral qui fleurit en premier, les autres fleurs apparaissant ensuite sur des rameaux secondaires. L'inflorescence définie typique est la cyme, unipare ou bipare.

CYME UNIPARE

L'axe principal se termine par une fleur, sous laquelle naît un seul rameau latéral. Le processus se répète sous chaque fleur terminale.

CYME BIPARE

L'axe principal se termine par une fleur, sous laquelle naissent deux rameaux latéraux. Le processus recommence sous chaque fleur terminale.

rameau latéral
myosotis

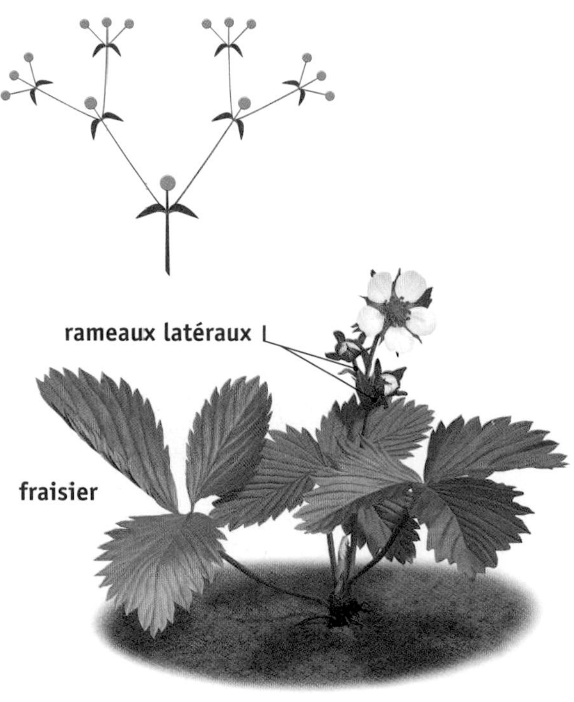
rameaux latéraux
fraisier

# Les arbres

## *Des végétaux faits de bois*

Les arbres sont des végétaux de grande taille qui renferment du bois, un tissu imprégné d'une substance qui le rigidifie, la lignine. Quelques espèces d'arbres sont des conifères, comme le sapin, mais la plupart appartiennent au groupe des plantes à fleurs, comme le chêne. On distingue les arbres à feuilles caduques, nus en hiver, des arbres à feuilles persistantes, toujours verts.

### LA STRUCTURE D'UN ARBRE

Un arbre est formé d'une partie souterraine, les racines, et de deux parties aériennes, le tronc et le houppier. Le tronc est une tige unique, ligneuse, qui ne se ramifie en branches qu'à partir d'une certaine hauteur. Les branches, ligneuses elles aussi, se ramifient progressivement en rameaux et ramilles, formant un ensemble appelé la ramure. La ramure porte le feuillage, composé de l'ensemble des feuilles de l'arbre.

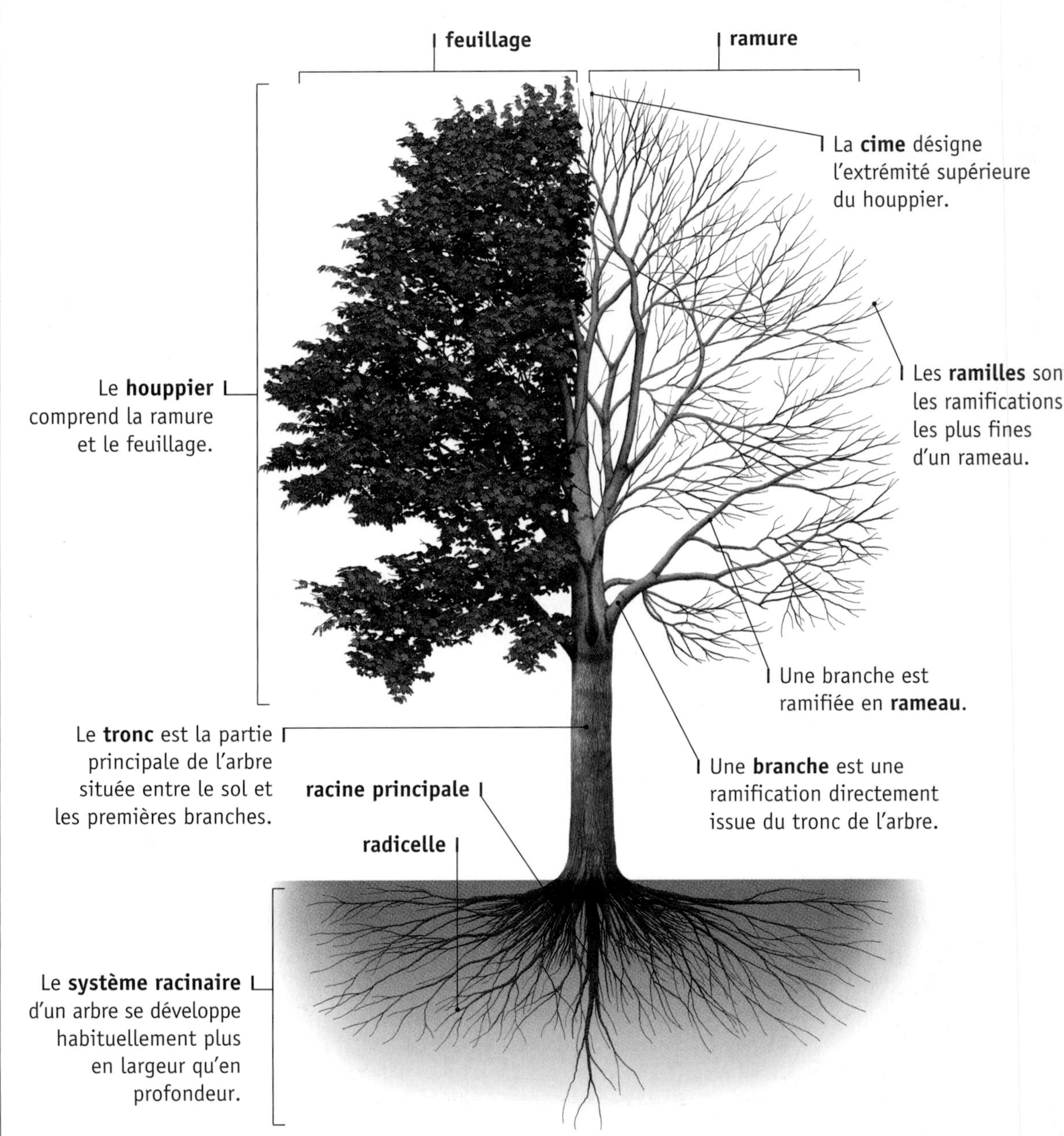
feuillage
ramure
La **cime** désigne l'extrémité supérieure du houppier.
Les **ramilles** sont les ramifications les plus fines d'un rameau.
Le **houppier** comprend la ramure et le feuillage.
Une branche est ramifiée en **rameau.**
Le **tronc** est la partie principale de l'arbre située entre le sol et les premières branches.
Une **branche** est une ramification directement issue du tronc de l'arbre.
racine principale
radicelle
Le **système racinaire** d'un arbre se développe habituellement plus en largeur qu'en profondeur.

## LE PORT D'UN ARBRE

Le port d'un arbre désigne sa silhouette générale. Il dépend de l'espèce et de l'âge de l'arbre, mais il est aussi grandement influencé par les conditions de croissance. Par exemple, les arbres qui poussent serrés les uns contre les autres dans une forêt dense possèdent peu de branches basses, faute de lumière. Parmi les principaux ports d'arbres naturels, on distingue les ports columnaire, ovoïde, conique et pleureur.

PORT COLUMNAIRE

La forme presque cylindrique est due à des branches courtes et minces.

PORT OVOÏDE

Les rameaux du milieu de la tige sont bien développés.

PORT CONIQUE

Caractéristique de nombreux conifères, il rappelle la forme d'une pyramide.

PORT PLEUREUR

Les rameaux commencent à croître vers le haut puis retombent.

## LES ARBRES À FEUILLES CADUQUES

Dans les régions tempérées, la végétation est soumise à l'alternance des saisons. Les arbres à feuilles caduques sont adaptés à ce rythme saisonnier : ils perdent toutes leurs feuilles en automne, en l'espace de quelques semaines. Ils passent l'hiver les branches nues, jusqu'à la pousse de nouvelles feuilles au printemps.

ÉTÉ

L'abondance de lumière, d'eau et de chaleur favorise la croissance.

AUTOMNE

La diminution de la durée du jour et la baisse des températures provoquent la chute des feuilles.

PRINTEMPS

L'allongement de la durée du jour déclenche l'éclosion des bourgeons.

HIVER

Le faible ensoleillement et le gel de l'eau bloquent la croissance.

## LE MÉCANISME DE LA CHUTE DES FEUILLES

À l'approche de la saison défavorable à leur croissance, les arbres se défont de leurs feuilles et entament une période de repos qui va durer jusqu'au printemps.

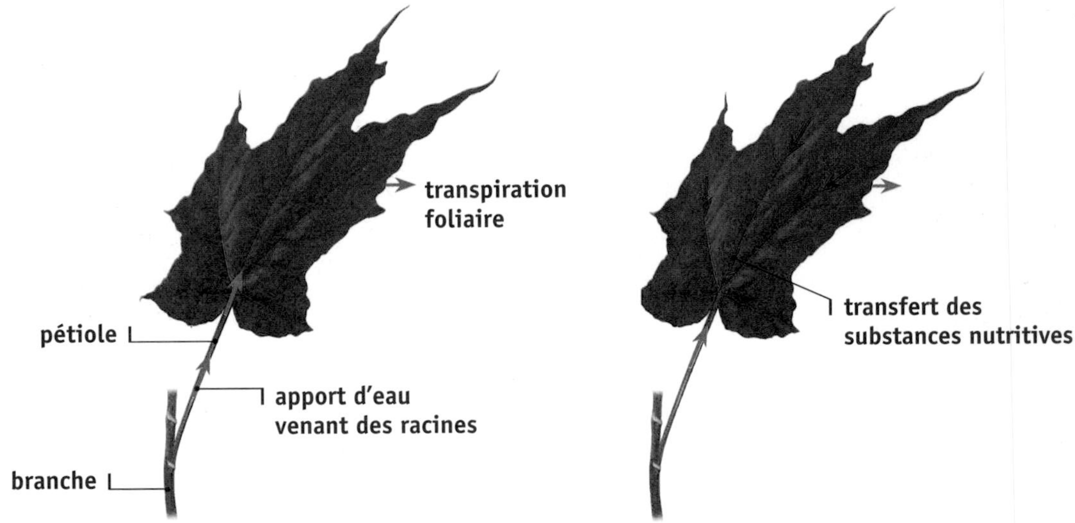
transpiration foliaire
pétiole
apport d'eau venant des racines
branche
transfert des substances nutritives

❶ Pendant la belle saison, l'apport d'eau pompée par les racines et les pertes d'eau dues à la transpiration foliaire s'équilibrent.

❷ Les substances nutritives de la feuille sont transférées vers les branches, le tronc et les racines. L'eau continue de s'évaporer des feuilles tandis que l'apport venant des racines diminue : la feuille se dessèche.

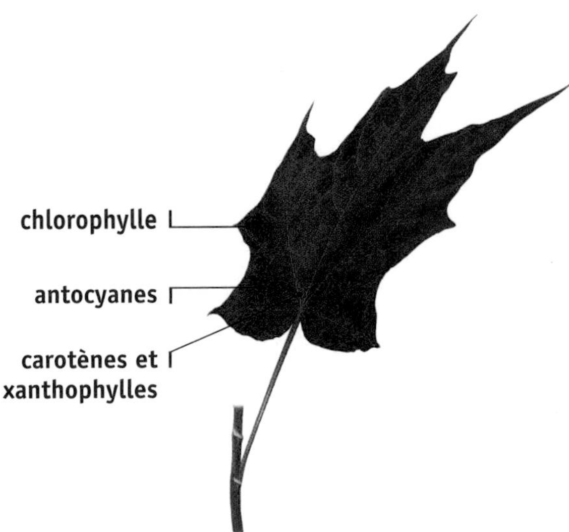
chlorophylle
antocyanes
carotènes et xanthophylles

❸ La chlorophylle, pigment dominant de la feuille, est détruite. Les autres pigments deviennent alors visibles : les antocyanes (rouges), les carotènes et les xanthophylles (jaunes) donnent à la feuille ses couleurs d'automne.

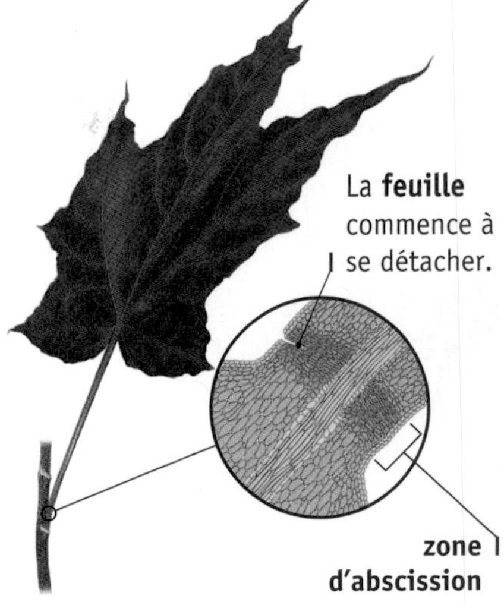
La **feuille** commence à se détacher.
zone d'abscission

❹ À la base du pétiole, les cellules de la zone d'abscission commencent à se dégrader. Bientôt, la feuille n'est plus attachée à la tige que par quelques tissus desséchés.

cicatrice

❺ La feuille tombe, soufflée par un coup de vent ou martelée par la pluie. Elle laisse une cicatrice recouverte par une fine couche de liège.

## EXEMPLES D'ARBRES À FEUILLES CADUQUES

Les arbres à feuilles caduques sont caractéristiques des zones tempérées, comme l'Europe, l'est de l'Amérique du Nord et l'est de l'Asie. On les retrouve parfois localement dans la zone intertropicale, sur le flanc des montagnes, par exemple. Ce sont pour la plupart des arbres feuillus, du groupe des plantes à fleurs, comme le chêne, le noyer ou encore l'érable. Il existe aussi quelques conifères à feuilles caduques, comme le mélèze.

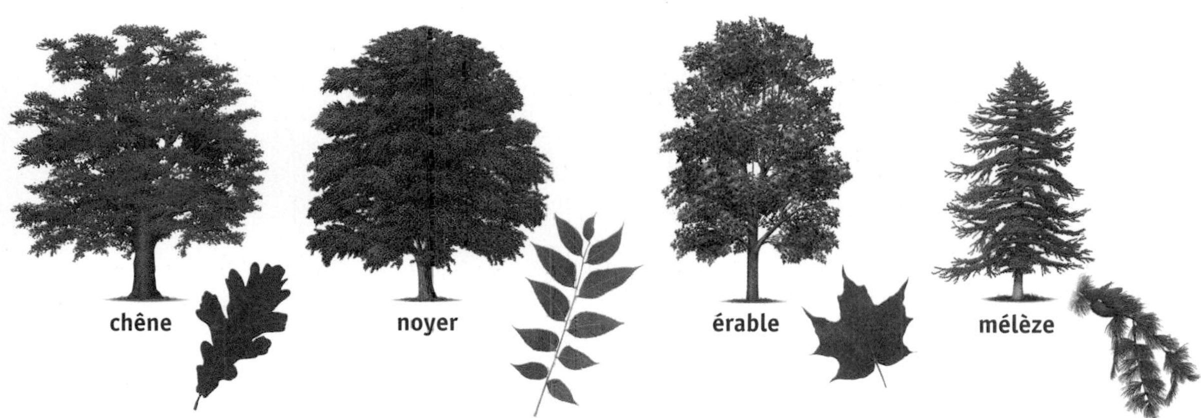
chêne
noyer
érable
mélèze

## LES ARBRES À FEUILLES PERSISTANTES

Contrairement aux feuilles caduques, qui tombent chaque automne, les feuilles persistantes durent généralement plusieurs années. Leur chute n'est pas déterminée par l'alternance des saisons, mais par le simple vieillissement. Tout au long de l'année, certaines feuilles tombent, selon le même processus que les feuilles caduques. Elles sont rapidement remplacées par de nouvelles feuilles, si bien que l'arbre reste toujours vert. Dans la zone intertropicale, quasiment toutes les plantes possèdent des feuilles persistantes. Aux latitudes moyennes, très peu d'espèces gardent leurs feuilles en hiver. Ce sont pour la plupart des conifères. Leurs feuilles étroites et dures, en forme d'écailles ou d'aiguilles, leur permettent de limiter les pertes en eau et de résister au froid et à la sécheresse de l'hiver. Quelques rares plantes à fleurs, comme le houx, conservent aussi leurs feuilles toute l'année.

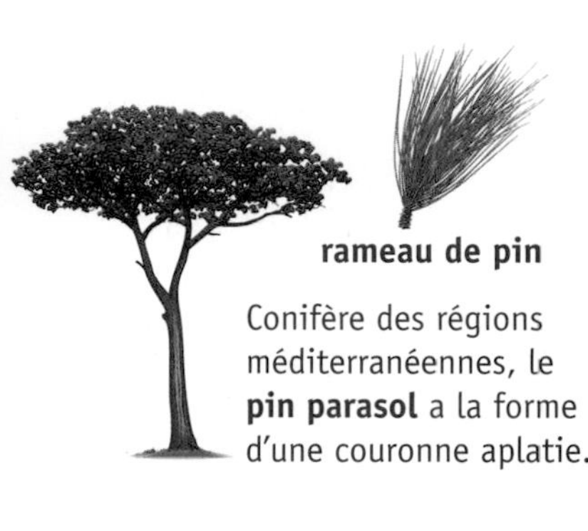

**rameau de pin**

Conifère des régions méditerranéennes, le **pin parasol** a la forme d'une couronne aplatie.

**rameau d'épicéa**

Les petites aiguilles cylindriques de l'**épicéa (épinette)** sont disposées tout autour du rameau.

**rameau de sapin**

Le **sapin** possède des aiguilles plates, odorantes, disposées de chaque côté du rameau.

Les **plantes tropicales** sont verdoyantes à longueur d'année. Le climat tropical humide, caractérisé par une chaleur et une humidité élevées, favorise le renouvellement constant des feuilles.

Les **feuilles du houx**, brillantes du fait de leur épaisse cuticule, sont bien adaptées à la sécheresse hivernale des régions tempérées.

La fleur est **un organe entièrement dédié à la reproduction**. Elle produit des grains de pollen et des ovules qui renferment les cellules sexuelles mâles et femelles. Bien souvent, ses couleurs chatoyantes et son nectar parfumé attirent des insectes pollinisateurs qui transportent le pollen et favorisent la rencontre des cellules sexuelles. La fécondation a lieu dans la fleur, qui se transforme alors en fruit protégeant des graines. Ce cycle de reproduction, qui fait intervenir des structures hautement spécialisées, est **le plus complexe et le plus efficace** du règne végétal.

# La reproduction des plantes à fleurs


52 **La pollinisation**
*Le transport des grains de pollen*

54 **La fécondation**
*La rencontre des cellules sexuelles*

56 **La graine**
*Un organisme en devenir*

57 **Le fruit**
*Protéger et disséminer les graines*

61 **La multiplication végétative**
*La reproduction asexuée des plantes*

# La pollinisation

## *Le transport des grains de pollen*

La pollinisation est le passage du pollen de l'organe reproducteur mâle, l'étamine, à l'organe reproducteur femelle, le pistil. Elle permet la fécondation, qui conduit à la naissance d'une nouvelle plante. Selon les espèces, la pollinisation peut avoir lieu dans une même fleur (autopollinisation) ou entre deux fleurs distinctes (pollinisation croisée). Dans la nature, la pollinisation fait intervenir des animaux pollinisateurs ou le vent. En agriculture et en horticulture, l'homme peut agir comme agent de pollinisation.

### LES AGENTS DE POLLINISATION

Les grains de pollen sont produits par les anthères, à l'extrémité des étamines. Ils doivent être transportés jusqu'au stigmate, au sommet du pistil. Les agents de pollinisation assurent ce transport. Ce sont des animaux, le vent ou l'homme.

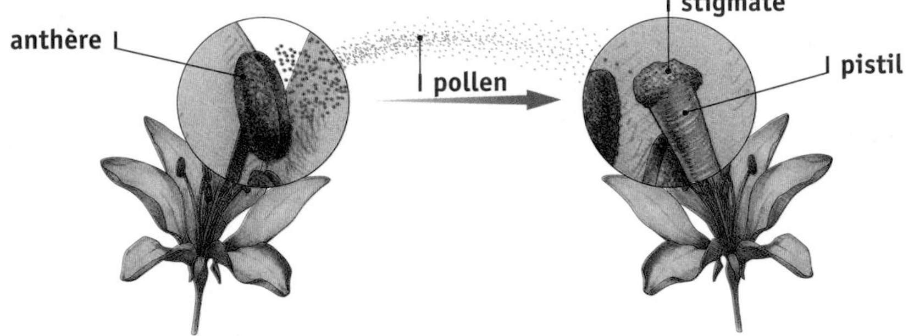
stigmate
anthère
pistil
pollen

### LA POLLINISATION ZOOPHILE

La plupart des plantes sont pollinisées grâce à des animaux. Le pollen est transporté par de petits oiseaux, comme le colibri, par des mammifères, comme la chauve-souris, ou, plus fréquemment, par des insectes (abeilles, papillons, guêpes). La pollinisation par les insectes est dite entomophile. Elle concerne des fleurs généralement grandes, colorées et parfumées.

#### LA POLLINISATION ENTOMOPHILE

L'insecte se pose sur une fleur, attiré par sa couleur, son odeur ou le sucre de son nectar. Des grains de pollen se fixent alors sur le corps de l'animal ❶. Celui-ci se déplace ensuite vers une autre fleur ❷. Quelques grains de pollen tombent accidentellement sur le stigmate de la deuxième fleur visitée ❸.

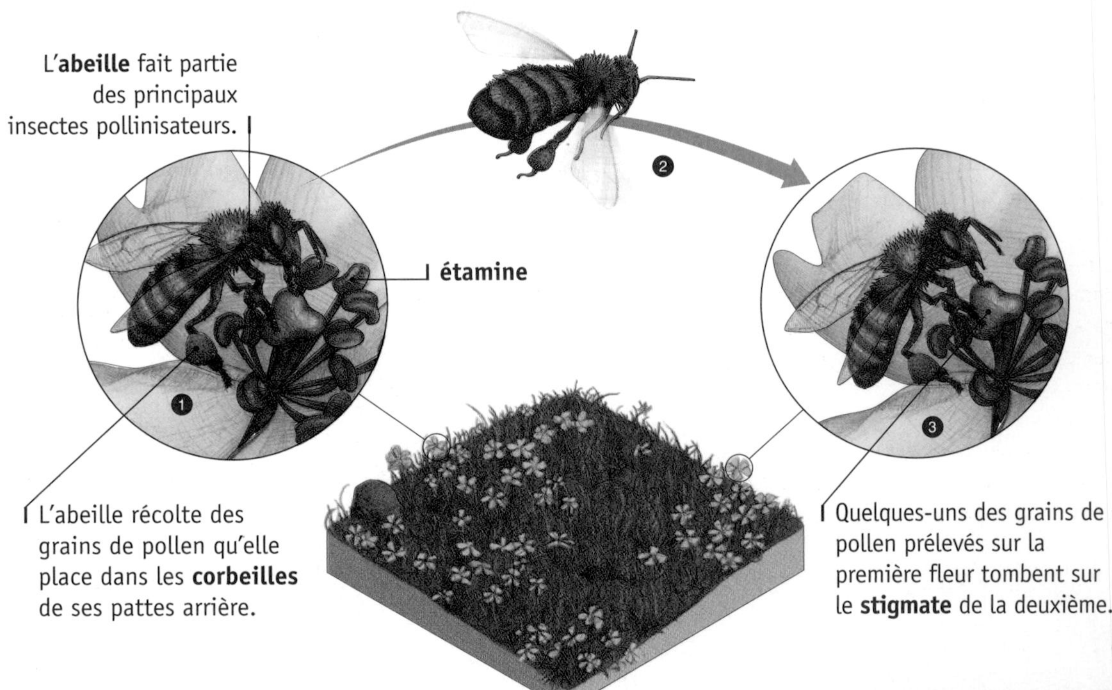
L'**abeille** fait partie des principaux insectes pollinisateurs.
étamine
❶
❷
❸
L'abeille récolte des grains de pollen qu'elle place dans les **corbeilles** de ses pattes arrière.
Quelques-uns des grains de pollen prélevés sur la première fleur tombent sur le **stigmate** de la deuxième.

## LA POLLINISATION ANÉMOPHILE

Les fleurs pollinisées par le vent sont généralement discrètes et peu attirantes pour les insectes. Le transport du pollen grâce au vent est relativement peu efficace. Une faible proportion des grains de pollen émis par une fleur atteint effectivement le stigmate d'une autre fleur. Certaines plantes se sont adaptées aux aléas de la pollinisation anémophile en produisant d'énormes quantités de pollen ❶, aux grains petits, légers, lisses et secs. Le vent disperse le pollen sur un vaste territoire ❷. La plupart des grains de pollen sont perdus lors de ce transport aléatoire. Rares sont ceux qui parviennent à féconder une autre fleur ❸.

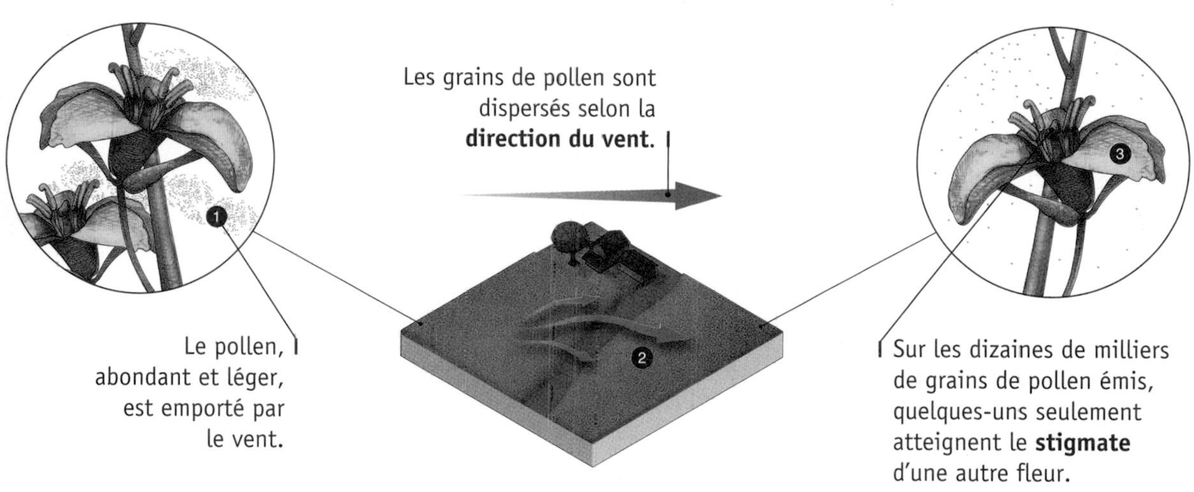
Les grains de pollen sont dispersés selon la **direction du vent.**
1
2
3
Le pollen, abondant et léger, est emporté par le vent.
Sur les dizaines de milliers de grains de pollen émis, quelques-uns seulement atteignent le **stigmate** d'une autre fleur.

## LA POLLINISATION ARTIFICIELLE

L'homme intervient parfois dans le processus de pollinisation, déposant lui-même le pollen d'une fleur sur le stigmate d'une autre. L'objectif est d'obtenir une plante fille qui cumule les caractéristiques agronomiques des deux plantes mères.

La pollinisation s'effectue manuellement à l'aide d'un **pinceau** ou de tout autre objet pouvant transporter le pollen sans l'endommager.

## LE BRASSAGE GÉNÉTIQUE

Lorsque la pollinisation se fait de l'étamine au pistil d'une même fleur, on parle d'autopollinisation. Quand au contraire le pollen est transporté vers la fleur d'un autre plant, la pollinisation est dite croisée. La pollinisation croisée permet de mélanger dans la plante fille des caractères propres à chacune des deux plantes mères. Les caractères propres à une plante, comme sa tolérance à la sécheresse, sont codés sous forme de gènes, conservés dans le noyau de chacune des cellules de la plante. Le mélange des gènes grâce à la pollinisation croisée s'appelle le brassage génétique. Ce phénomène, qui favorise l'apparition de nouveaux caractères chez les végétaux, est le moteur de l'évolution.

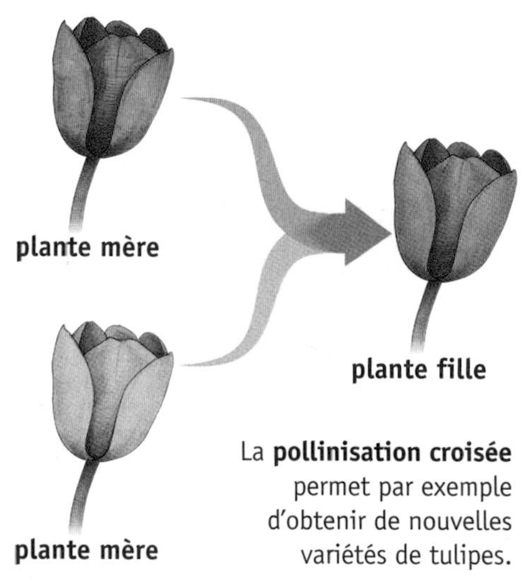
**plante mère**
**plante fille**
**plante mère**

La **pollinisation croisée** permet par exemple d'obtenir de nouvelles variétés de tulipes.

# La fécondation

## *La rencontre des cellules sexuelles*

La fécondation résulte de la germination d'un grain de pollen sur le stigmate d'une fleur. Elle correspond à la fusion des cellules sexuelles, les gamètes, produites par des organes spécialisés, les gamétophytes (grain de pollen et sac embryonnaire). Les cellules sexuelles mâle et femelle fusionnent en une cellule unique, le zygote, qui se multipliera pour former un embryon. Chez les plantes à fleurs, la fécondation est double : une autre paire de cellules reproductrices forme un tissu chargé de réserves nutritives, l'albumen, utile au développement de l'embryon.

### LE GRAIN DE POLLEN

Le grain de pollen est le gamétophyte mâle. De forme quasi sphérique, il est constitué d'une cellule végétative volumineuse dont la paroi est composée de deux enveloppes, l'intine et l'exine. La cellule végétative englobe et protège la cellule reproductrice mâle, beaucoup plus petite.

L'**exine**, enveloppe externe du grain de pollen, est fréquemment ornementée.

L'**intine** est l'enveloppe interne du grain de pollen.

La **cellule reproductrice** est à l'origine des cellules sexuelles mâles (gamètes mâles).

La **cellule végétative** dirige la croissance du tube pollinique au moment de la fécondation.

**noyau de la cellule végétative**

Les **apertures** sont des régions en forme de pore ou de sillon où l'exine est amincie.

Les grains de pollen sont produits par les **anthères.**

### LE SAC EMBRYONNAIRE

Le gamétophyte femelle s'appelle le sac embryonnaire. Il est contenu dans un ovule, lui même intégré dans un ovaire. Le sac embryonnaire renferme huit noyaux cellulaires, dont trois participent à la fécondation : l'oosphère (cellule sexuelle femelle) et les deux noyaux polaires.

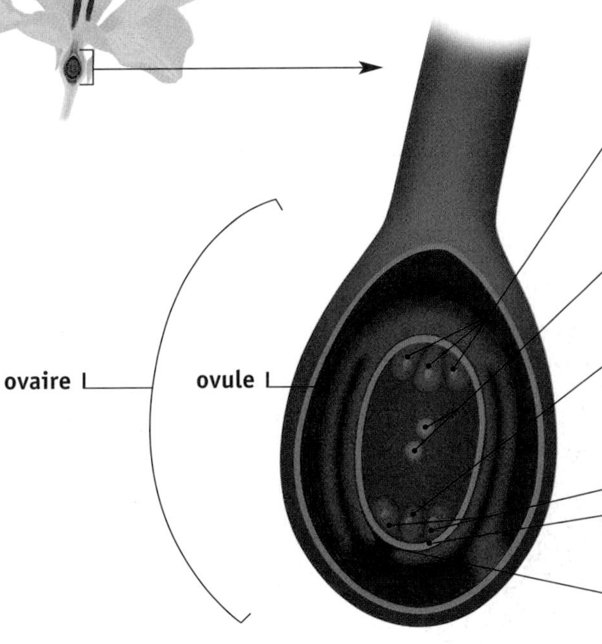
ovaire
ovule

Les trois cellules situées à l'opposé du micropyle sont appelées **antipodes.** Elles dégénèrent après la fécondation.

Les deux **noyaux polaires** de la cellule centrale participent à la formation de réserves nutritives.

L'**oosphère** est la cellule sexuelle femelle (gamète femelle).

Les deux cellules qui encadrent l'oosphère, appelées **synergides**, dirigent l'entrée du gamète mâle dans le sac embryonnaire et dégénèrent juste après la fécondation.

Le **sac embryonnaire** compte sept cellules, dont une renferme deux noyaux.

L'enveloppe de l'ovule présente une discontinuité, le **micropyle**, offrant un accès au sac embryonnaire.

## LA DOUBLE FÉCONDATION

La reproduction des plantes à fleurs est caractérisée par une double fécondation. À l'issue de la pollinisation, le grain de pollen ❶ déposé sur le stigmate germe : il s'hydrate, gonfle et l'intine, poussée à travers une aperture, s'allonge sous la forme d'un tube, le tube pollinique ❷. Le tube pollinique croît dans le style en direction de l'ovule. Pendant ce temps, la cellule reproductrice se divise pour former deux gamètes mâles ❸. Le tube pollinique pénètre dans l'ovule par le micropyle ❹ et libère son contenu dans le sac embryonnaire. C'est alors qu'a lieu la double fécondation. Un gamète mâle fusionne avec l'oosphère et forme le zygote ❺, une cellule qui va générer l'embryon de la future plante. Le second gamète mâle fusionne avec les deux noyaux polaires. La cellule à trois noyaux ❻ résultant de cette fusion va se diviser pour former un tissu de réserves nutritives, l'albumen.

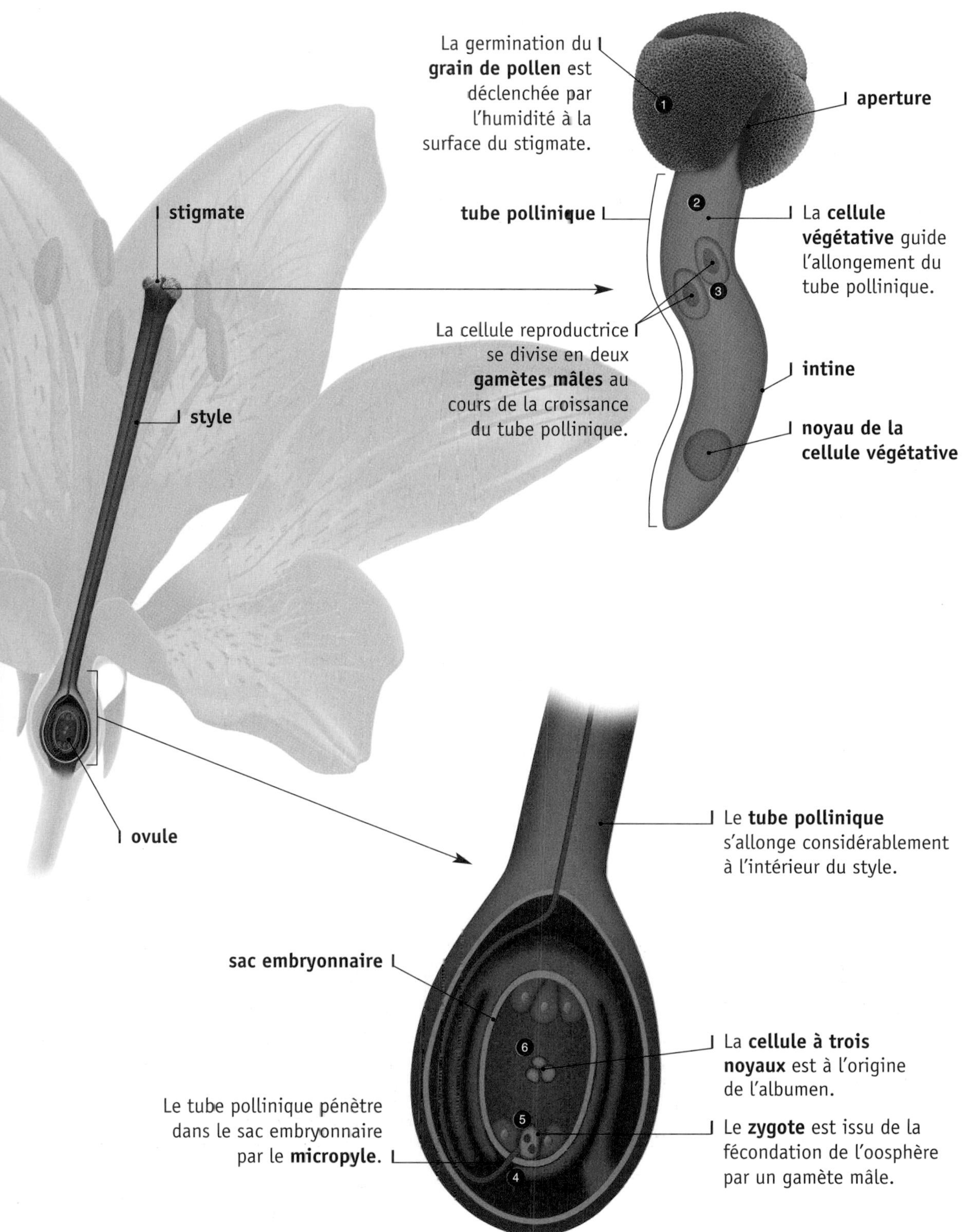
La germination du **grain de pollen** est déclenchée par l'humidité à la surface du stigmate.
aperture
stigmate
tube pollinique
La **cellule végétative** guide l'allongement du tube pollinique.
La cellule reproductrice se divise en deux **gamètes mâles** au cours de la croissance du tube pollinique.
intine
style
noyau de la cellule végétative
ovule
Le **tube pollinique** s'allonge considérablement à l'intérieur du style.
sac embryonnaire
La **cellule à trois noyaux** est à l'origine de l'albumen.
Le tube pollinique pénètre dans le sac embryonnaire par le **micropyle**.
Le **zygote** est issu de la fécondation de l'oosphère par un gamète mâle.

# La graine

## *Un organisme en devenir*



La fécondation conduit à la formation d'une graine qui protège l'embryon de la future plante et qui renferme des réserves nutritives utiles pour les premières étapes de son développement. La graine résulte de la transformation de l'ovule après la fécondation. Chez les plantes à fleurs, elle est enfermée dans un fruit, organe qui résulte de la transformation de l'ovaire.

### LA STRUCTURE DE LA GRAINE

La graine comprend l'embryon, l'albumen et le tégument. L'embryon, véritable ébauche de la future plante, est composé de la gemmule, la tigelle, la radicule et un ou deux cotylédons. L'albumen est un tissu chargé de réserves nutritives destinées au développement de l'embryon et de la jeune plante (plantule). Au cours de sa maturation, la graine se dessèche. Elle peut entrer dans un état de dormance : la graine vit au ralenti en attendant des conditions favorables à sa germination. La dormance peut durer de deux jours à plusieurs années, selon les espèces.

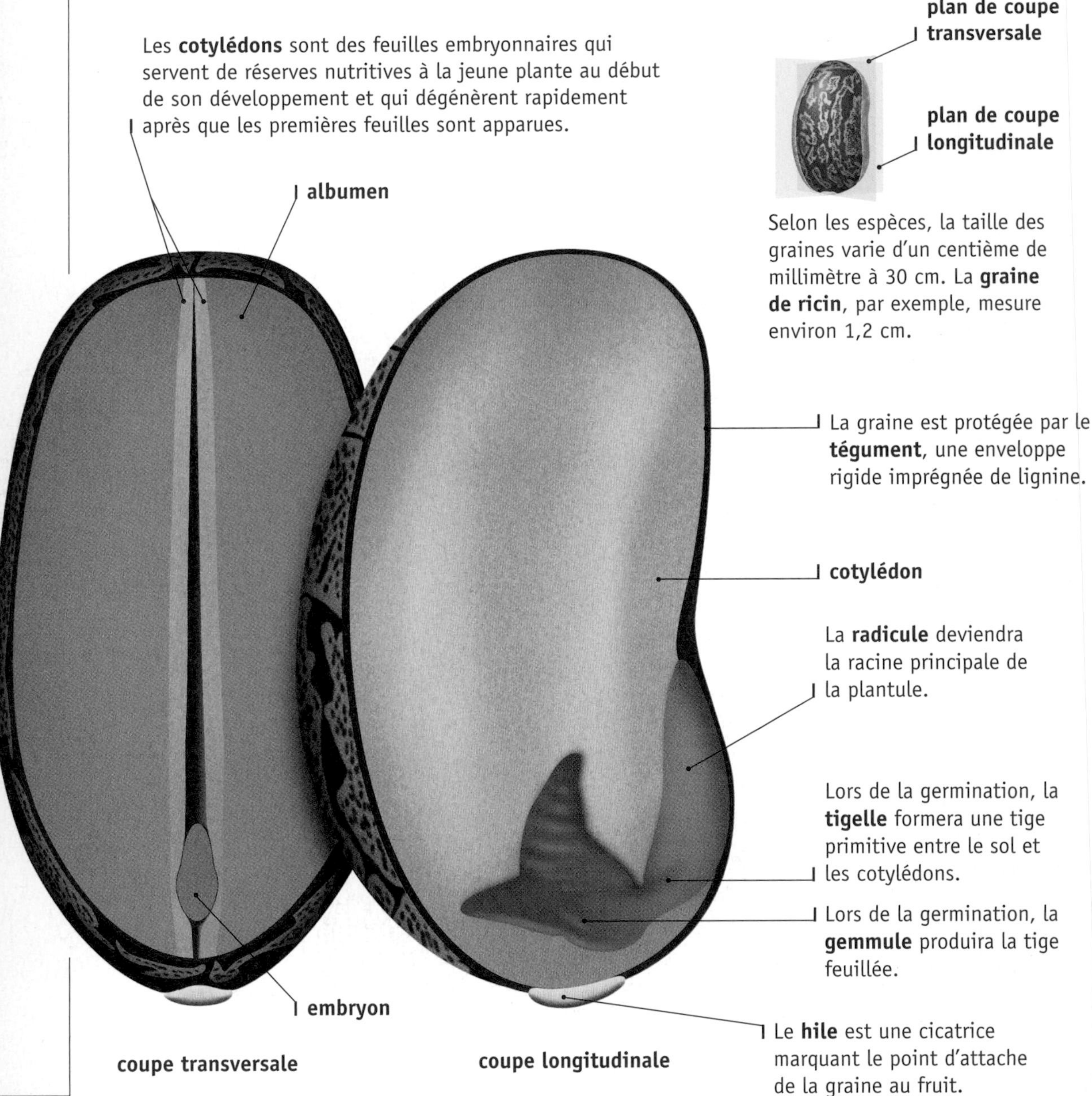

plan de coupe transversale
plan de coupe longitudinale
Les **cotylédons** sont des feuilles embryonnaires qui servent de réserves nutritives à la jeune plante au début de son développement et qui dégénèrent rapidement après que les premières feuilles sont apparues.
**albumen**
Selon les espèces, la taille des graines varie d'un centième de millimètre à 30 cm. La **graine de ricin**, par exemple, mesure environ 1,2 cm.
La graine est protégée par le **tégument**, une enveloppe rigide imprégnée de lignine.
**cotylédon**
La **radicule** deviendra la racine principale de la plantule.
Lors de la germination, la **tigelle** formera une tige primitive entre le sol et les cotylédons.
Lors de la germination, la **gemmule** produira la tige feuillée.
**embryon**
Le **hile** est une cicatrice marquant le point d'attache de la graine au fruit.
**coupe transversale**
**coupe longitudinale**

# Le fruit

## *Protéger et disséminer les graines*



Le fruit résulte de la transformation de la fleur après la fécondation. Il est constitué d'une ou plusieurs graines, d'une enveloppe plus ou moins épaisse, et des restes de certaines pièces florales. Le fruit contribue à la dissémination des graines. Une fois libérée, la graine germe et se développe en plantule. La plantule devient une plante, qui à son tour va former des fleurs, puis des graines et des fruits, suivant le cycle de reproduction des plantes à fleurs.

### LES PARTIES DU FRUIT

Le fruit comprend une ou plusieurs graines (issues de la fécondation des ovules) protégées par une enveloppe appelée péricarpe. Le péricarpe, qui dérive des parois de l'ovaire, est composé de trois parties. L'épicarpe, communément appelé peau, désigne la couche extérieure du fruit. Il recouvre le mésocarpe, qui correspond souvent à la partie la plus charnue du fruit. L'endocarpe, quant à lui, forme une enveloppe plus ou moins rigide autour de la graine.

La consistance du péricarpe permet de classer les fruits : si le péricarpe est épais, mou et pulpeux, le fruit est dit charnu (pomme, pêche, raisin). Si le péricarpe est mince et sec, le fruit est dit sec (grain de blé, noisette).

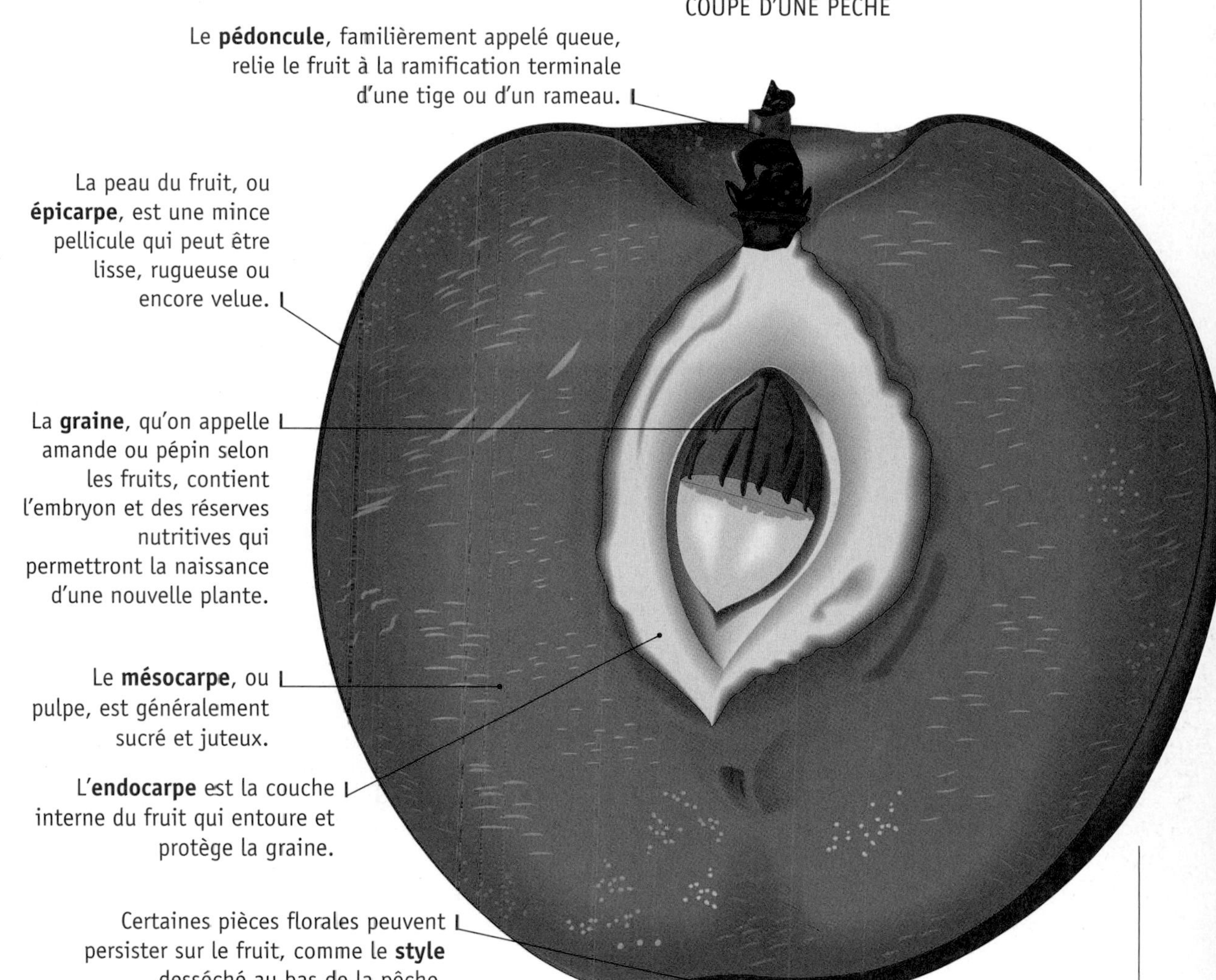
COUPE D'UNE PÊCHE
Le **pédoncule**, familièrement appelé queue, relie le fruit à la ramification terminale d'une tige ou d'un rameau.
La peau du fruit, ou **épicarpe**, est une mince pellicule qui peut être lisse, rugueuse ou encore velue.
La **graine**, qu'on appelle amande ou pépin selon les fruits, contient l'embryon et des réserves nutritives qui permettront la naissance d'une nouvelle plante.
Le **mésocarpe**, ou pulpe, est généralement sucré et juteux.
L'**endocarpe** est la couche interne du fruit qui entoure et protège la graine.
Certaines pièces florales peuvent persister sur le fruit, comme le **style** desséché au bas de la pêche.

## LES FRUITS SECS

Les fruits secs au sens botanique sont des fruits qui possèdent un péricarpe mince et sec. Ils sont bien différents des fruits secs au sens commun. Ainsi, la noix n'est pas un fruit sec, mais une drupe (fruit charnu). À l'inverse, la fraise n'est pas un fruit charnu, mais un regroupement de fruits secs très petits insérés sur un réceptacle renflé. On distingue deux types de fruits secs, les fruits secs déhiscents et indéhiscents, selon qu'ils s'ouvrent spontanément ou non.

### LES FRUITS SECS DÉHISCENTS

À maturité, les fruits secs déhiscents s'ouvrent d'eux-mêmes et libèrent leurs graines. Ils renferment généralement plusieurs graines. Selon la forme du fruit, on distingue les capsules, les follicules, les siliques et les gousses.

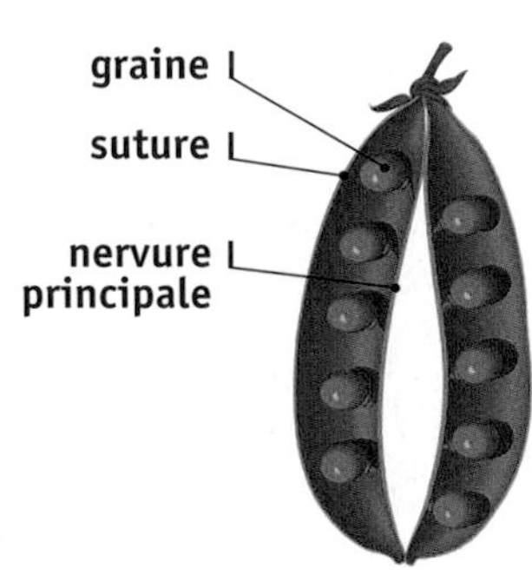
graine
suture
nervure principale

La **gousse** du pois est un fruit sec à une seule loge qui, à maturité, s'ouvre en deux endroits, soit la suture et la nervure principale de son enveloppe.

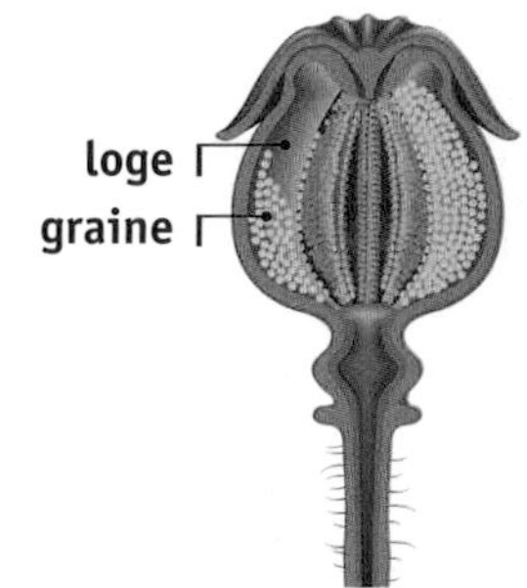
loge
graine

La **capsule** du pavot est un fruit sec à plusieurs loges qui, à maturité, s'ouvre latéralement ou par le sommet. Elle renferme de très nombreuses graines.

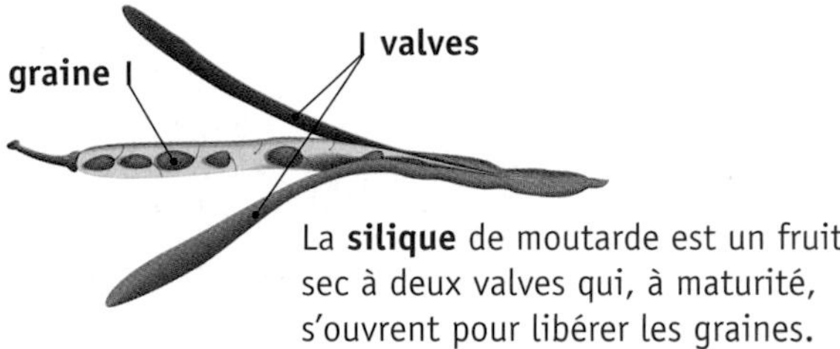
valves
graine

La **silique** de moutarde est un fruit sec à deux valves qui, à maturité, s'ouvrent pour libérer les graines.

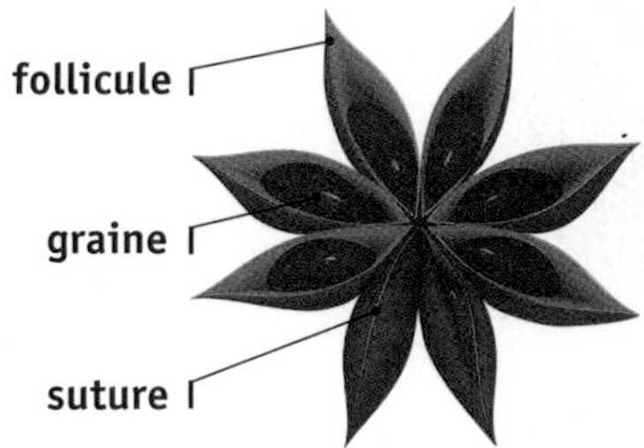
follicule
graine
suture

Un **follicule** est un fruit sec à une seule loge qui, à maturité, s'ouvre d'un côté seulement, le long de la suture de son enveloppe. L'anis étoilé est composé de huit follicules.

### LES FRUITS SECS INDÉHISCENTS

Les fruits secs indéhiscents ne s'ouvrent pas spontanément. Ils contiennent habituellement une seule graine. Ce sont des akènes (tournesol, fraise), des samares (érable) ou encore des caryopses (blé).

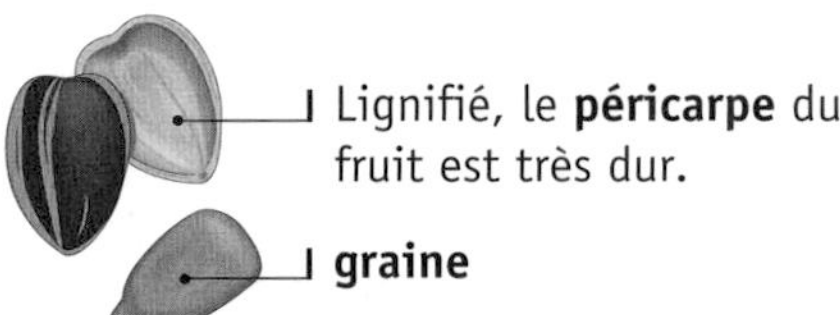
Lignifié, le **péricarpe** du fruit est très dur.
graine

Le tournesol produit des **akènes**, petits fruits secs indéhiscents possédant une graine unique, non soudée au péricarpe.

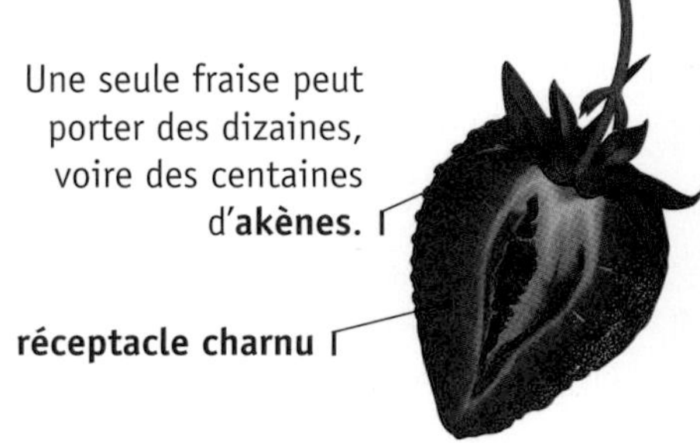
Une seule fraise peut porter des dizaines, voire des centaines d'**akènes.**
réceptacle charnu

La fraise est un **fruit complexe**, formé d'akènes soutenus par le réceptacle charnu de la fleur.

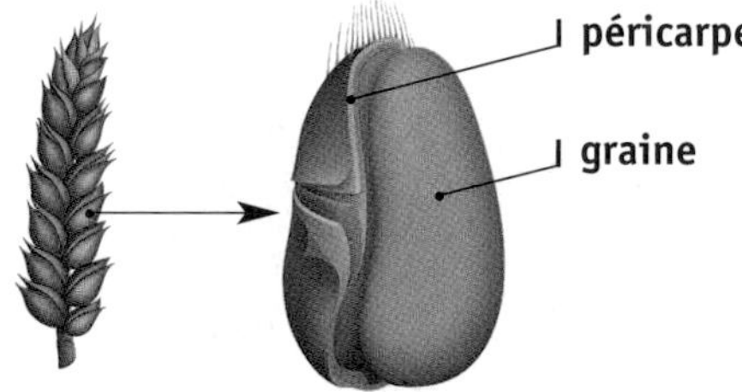
péricarpe
graine

Le grain de blé est un **caryopse**, petit fruit sec possédant une graine unique soudée au péricarpe.

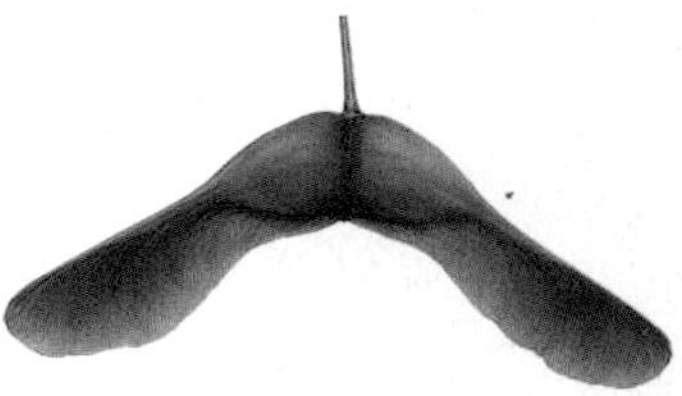

La **samare** d'érable est un fruit sec indéhiscent dont le péricarpe allongé forme une aile qui favorise la dissémination.

## LES FRUITS CHARNUS

Les fruits charnus possèdent un péricarpe épais, mou et charnu. Il existe deux principaux types de fruits charnus, les drupes et les baies, qui diffèrent par la consistance des couches de leur péricarpe. Les fruits charnus peuvent être simples, comme la pêche, ou composés, comme la framboise.

### LES DRUPES

Les drupes possèdent un épicarpe et un mésocarpe charnus, correspondant à la peau et à la pulpe du fruit, mais l'endocarpe est sec et rigide, car il est imprégné de lignine, une substance présente dans le bois. L'endocarpe forme un noyau autour de la graine. Parmi les drupes, on trouve notamment la pêche, la framboise et la noix de coco.

La **framboise** est constituée d'un regroupement de petites drupes (drupéoles) insérées sur un réceptacle commun.

noyau
épicarpe et mésocarpe charnus
drupéoles
réceptacle

épicarpe
endocarpe

Les filaments bruns sont les vestiges du **mésocarpe** fibreux de la noix de coco.

L'**albumen** de la noix de coco est comestible.

La **noix de coco** qu'on trouve dans les épiceries est le noyau d'une drupe. La coquille brune correspond à l'endocarpe rigidifié.

mésocarpe
épicarpe
tégument de la graine

La **graine** de la pêche est appelée amande.

endocarpe rigide

L'épicarpe de la **pêche** est recouvert de petits poils qui lui donnent une texture duveteuse caractéristique.

### LES BAIES

Les baies sont des fruits dont le péricarpe est entièrement charnu, l'endocarpe se confondant avec le mésocarpe. Elles contiennent généralement plusieurs graines. Parmi les baies, on compte par exemple le raisin et l'orange. Les fruits à pépins comme la pomme et la poire sont intermédiaires entre les baies et les drupes, car leur endocarpe n'est ni charnu ni rigide, mais cartilagineux. On les assimile fréquemment à des baies.

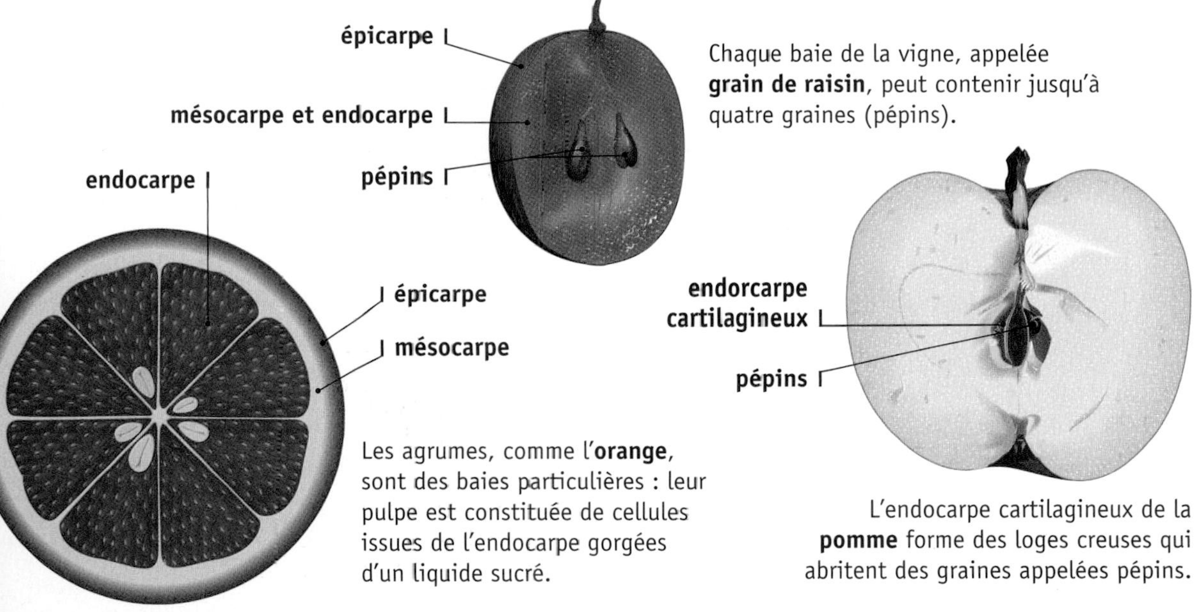
épicarpe
mésocarpe et endocarpe
pépins
endocarpe
épicarpe
mésocarpe
endorcarpe cartilagineux
pépins

Chaque baie de la vigne, appelée **grain de raisin**, peut contenir jusqu'à quatre graines (pépins).

Les agrumes, comme l'**orange**, sont des baies particulières : leur pulpe est constituée de cellules issues de l'endocarpe gorgées d'un liquide sucré.

L'endocarpe cartilagineux de la **pomme** forme des loges creuses qui abritent des graines appelées pépins.

## LA DISSÉMINATION DES GRAINES

Les plantes à fleurs, immobiles, conquièrent de nouveaux territoires en dispersant leurs graines à distance de la plante mère. La dissémination des graines est souvent assurée par des animaux, comme les oiseaux ou les écureuils, qui collectent les fruits pour les mettre en réserve avant de les manger. Le vent transporte certains fruits très légers ou ailés, comme l'aigrette de pissenlit. Les cours d'eau ou les courants marins peuvent aussi transporter des fruits sur de grandes distances (noix de coco).

La libération des graines dépend du type de fruit. Certains fruits secs, comme la gousse du pois, sont déhiscents : ils s'ouvrent spontanément à maturité, libérant leurs graines. Mais de nombreux autres fruits, comme la noisette et la pomme, sont indéhiscents. La libération des graines a lieu si la paroi du fruit est détruite, lorsque le fruit tombe brutalement, qu'un animal l'ouvre pour le manger, ou simplement lorsqu'il pourrit.

Le fruit du **pissenlit** forme une aigrette dispersée par le vent.

## LA GERMINATION

La germination est le processus par lequel la graine, jusque-là dans un état de vie ralentie, reprend son développement. Puisant dans les réserves nutritives de la graine, l'embryon émet une racine, une tige et des feuilles. Ces dernières commencent rapidement à fabriquer de la nourriture par photosynthèse pour alimenter la nouvelle plante. La germination nécessite de l'eau, de l'oxygène, de la lumière et de la chaleur, en quantités variables selon la plante. Certaines graines réclament des conditions particulières pour germer, comme d'être maintenues au froid pendant un certain temps (vernalisation).

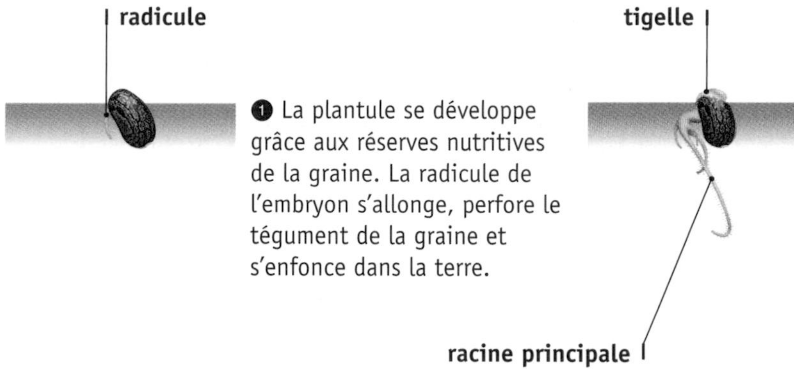
radicule
tigelle
racine principale

❶ La plantule se développe grâce aux réserves nutritives de la graine. La radicule de l'embryon s'allonge, perfore le tégument de la graine et s'enfonce dans la terre.

❷ La tigelle sort à son tour de la graine pour former une tige primitive. Le bourgeon terminal est protégé par les cotylédons. La racine principale commence à se ramifier.

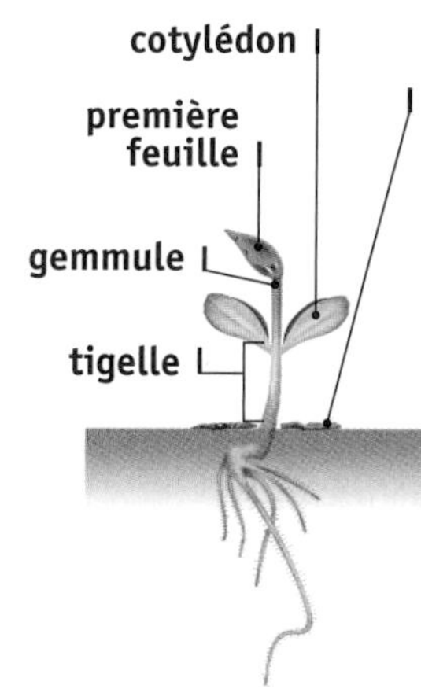
cotylédon
première feuille
tégument de la graine
gemmule
tigelle

❸ Une fois hors de terre, les cotylédons se déploient et la gemmule commence à pousser au-dessus des cotylédons. Les premières feuilles apparaissent, permettant la fabrication de nourriture par photosynthèse. La plantule devient alors une plante à part entière, car elle ne dépend plus des réserves de la graine.

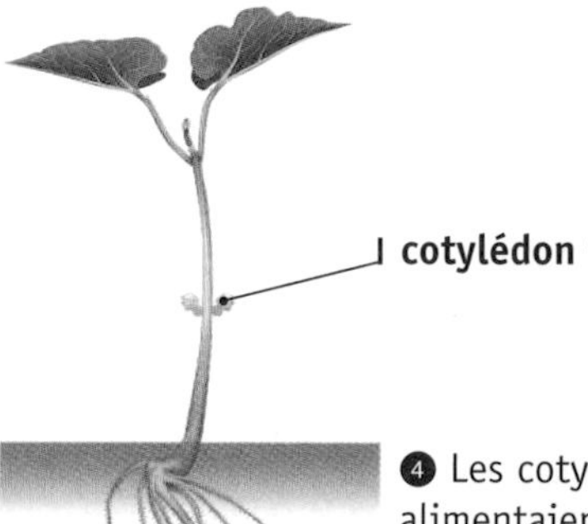
cotylédon fané

❹ Les cotylédons, qui alimentaient la plantule avant le début de la photosynthèse, dégénèrent rapidement après que les premières feuilles soient apparues.

# La multiplication végétative

## *La reproduction asexuée des plantes*

De nombreuses plantes sont capables de se reproduire de manière asexuée, c'est-à-dire sans l'intervention de cellules sexuelles. Ce mode de reproduction s'appelle la multiplication végétative. Une partie de la plante se détache, s'enracine et se développe pour former une nouvelle plante. Les nouveaux plants obtenus par multiplication végétative sont identiques à la plante mère : ce sont des clones. De nombreux organes permettent la reproduction asexuée, comme les tubercules, les bulbes, les rhizomes et les stolons.

TUBERCULE

BULBE

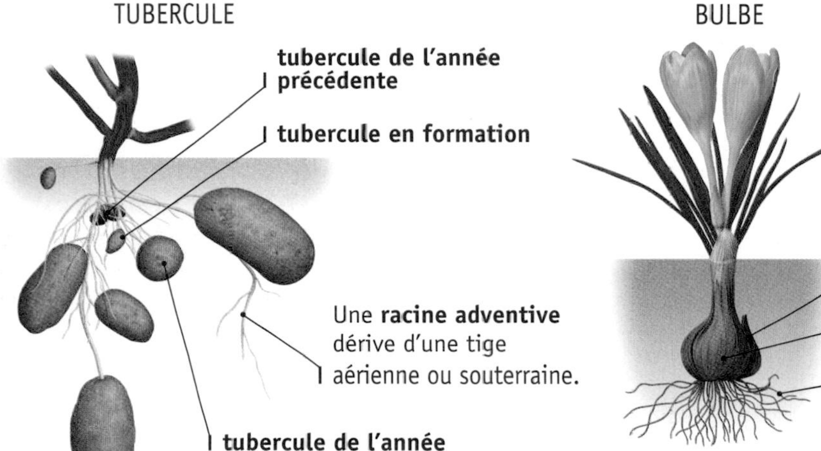

tubercule de l'année précédente
tubercule en formation
Une racine adventive dérive d'une tige aérienne ou souterraine.
tubercule de l'année
bulbille
bulbe principal
racine adventive


Un tubercule est un organe de réserves nutritives souterrain formé par le renflement de la tige ou de la racine. De nouvelles pousses peuvent se former sur un tubercule, comme sur le tubercule de **pomme de terre**.

Un bulbe est un organe de réserves nutritives souterrain fréquent chez les monocotylédones, comme le **crocus**, le glaïeul ou encore la tulipe. Il est formé par le renflement de la tige ou des feuilles à la base de la tige. Une bulbille peut se former sur le bulbe principal, se détacher et donner naissance à une nouvelle plante.

RHIZOME

STOLON

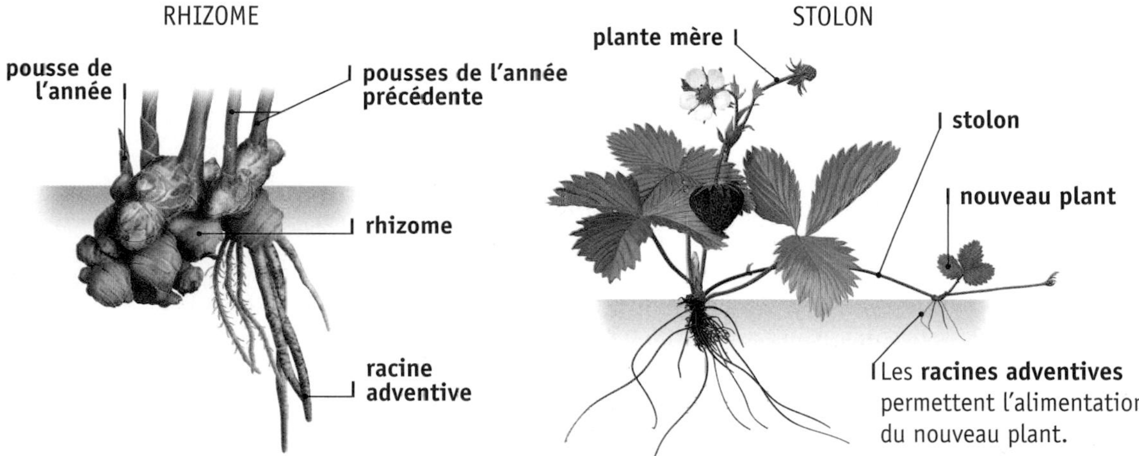

pousse de l'année
pousses de l'année précédente
rhizome
racine adventive
plante mère
stolon
nouveau plant
Les racines adventives permettent l'alimentation du nouveau plant.


Un rhizome est une tige souterraine horizontale gonflée de réserves nutritives. Sur toute sa longueur, à intervalles réguliers, se forment des racines adventives et de nouvelles pousses aériennes. Le bambou, le **gingembre** et l'iris, par exemple, possèdent des rhizomes.

Un stolon est une tige mince, issue de la tige principale, qui s'allonge à la surface du sol. Des racines adventives peuvent se former au niveau des nœuds du stolon et permettre la formation d'un nouveau plant. Le lierre et le **fraisier** peuvent se multiplier ainsi.

Qu'est-ce qui distingue les plantes chlorophylliennes des autres végétaux ? Leur capacité à **fabriquer leur propre nourriture** grâce à une réaction complexe, la photosynthèse. La matière vivante fabriquée par photosynthèse circule dans tous les tissus de la plante et sert de **matière première pour l'édification des organes.** Nourries d'eau, de sels minéraux et de lumière, les plantes se développent parfois considérablement, certaines dépassant même 100 mètres de hauteur.

# Nutrition et croissance


64 **La photosynthèse**
*Comment les plantes captent la lumière pour se nourrir*

67 **La sève**
*Le fluide vital des plantes*

70 **Les végétaux hétérotrophes**
*Vivre aux dépens des autres*

74 **La croissance des plantes**
*Le développement de tissus spécialisés*

78 **Les hormones végétales**
*Des régulateurs chimiques*

79 **Les tropismes**
*La croissance sous influence extérieure*

# La photosynthèse

## *Comment les plantes captent la lumière pour se nourrir*

La grande majorité des végétaux sont autotrophes, c'est-à-dire qu'ils se nourrissent du gaz carbonique de l'atmosphère et d'eau et de sels minéraux puisés dans le sol, qu'ils transforment en matière vivante. La photosynthèse est le mécanisme qui permet à la plante d'utiliser l'énergie lumineuse pour effectuer la transformation de molécules simples en matière organique. Elle a lieu dans des structures cellulaires spécifiques, les chloroplastes. La photosynthèse participe au métabolisme des plantes, au même titre que la respiration.

### LE MÉCANISME DE LA PHOTOSYNTHÈSE

La photosynthèse a généralement lieu dans les feuilles. Les cellules des feuilles renferment de nombreux chloroplastes. Ces organites contiennent un pigment vert, la chlorophylle, capable de capter l'énergie lumineuse. Cette énergie sert à fabriquer des molécules de sucres à partir de l'eau puisée dans le sol par les racines et du gaz carbonique de l'atmosphère. Les sucres produits par photosynthèse sont ensuite distribués dans toute la plante.

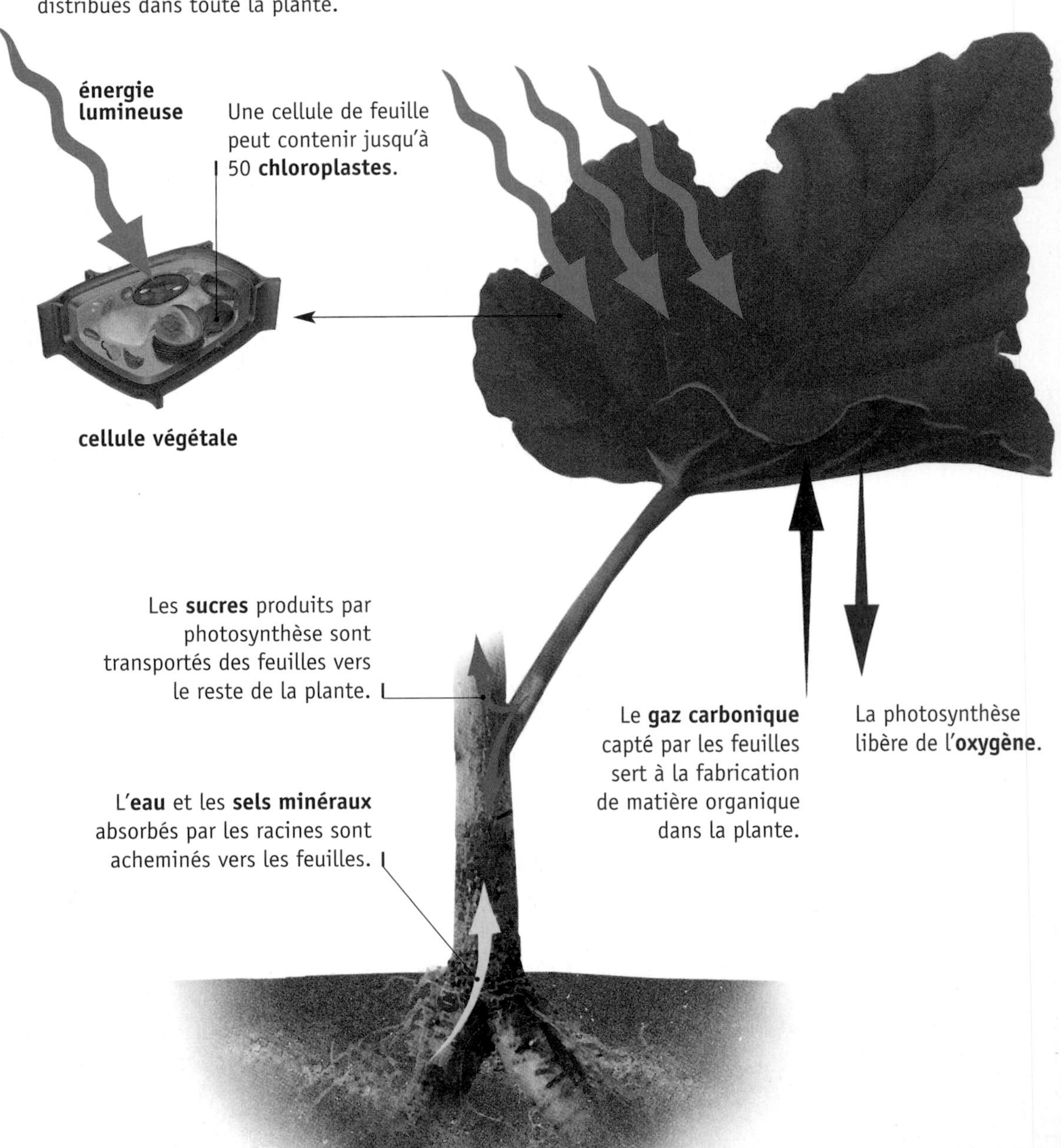
**énergie lumineuse**
Une cellule de feuille peut contenir jusqu'à 50 **chloroplastes**.
**cellule végétale**
Les **sucres** produits par photosynthèse sont transportés des feuilles vers le reste de la plante.
L'**eau** et les **sels minéraux** absorbés par les racines sont acheminés vers les feuilles.
Le **gaz carbonique** capté par les feuilles sert à la fabrication de matière organique dans la plante.
La photosynthèse libère de l'**oxygène**.

## LES DEUX PHASES DE LA PHOTOSYNTHÈSE

La première phase de la photosynthèse nécessite l'éclairage de la feuille. La chlorophylle qui est enchâssée dans la membrane des thylakoïdes absorbe l'énergie lumineuse ❶. Cette absorption d'énergie s'accompagne de la dégradation de molécules d'eau et de la libération d'oxygène ❷. Dans une seconde phase, indépendante de la lumière, l'énergie absorbée par la chlorophylle ❸ est utilisée pour la transformation ❹ de molécules de gaz carbonique en molécules de sucres ❺.

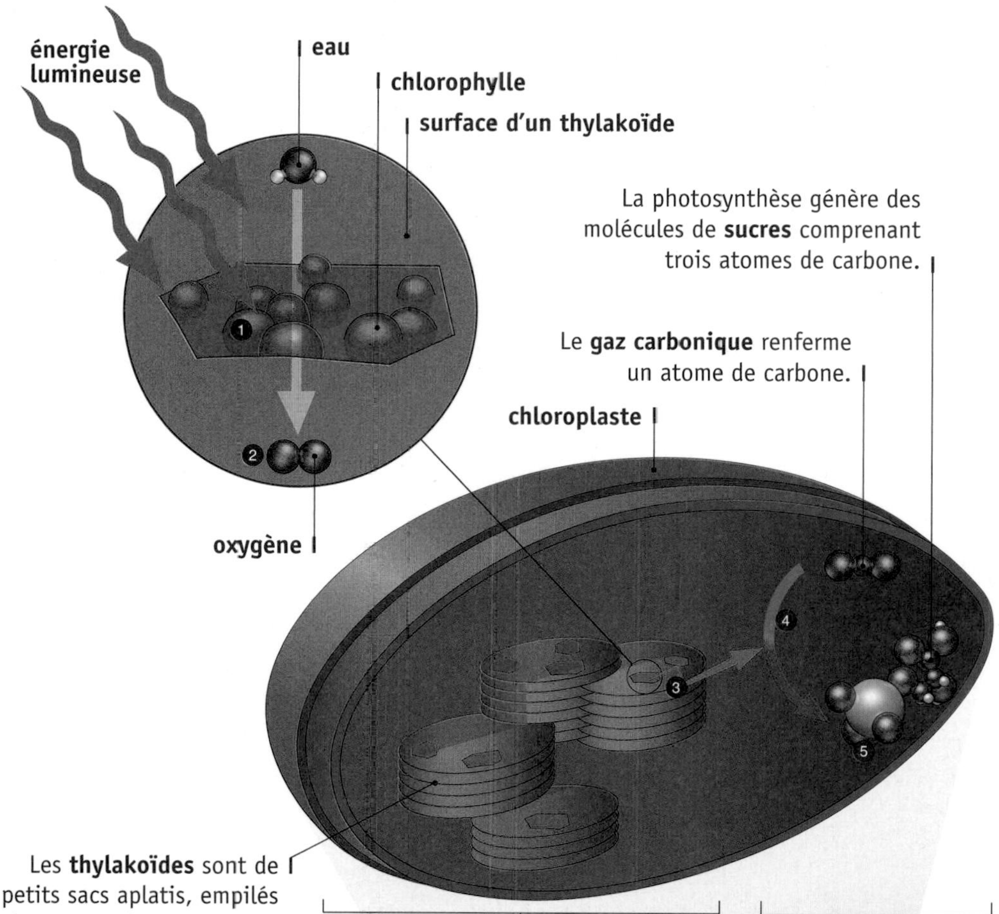

**énergie lumineuse**

**eau**

**chlorophylle**

**surface d'un thylakoïde**

La photosynthèse génère des molécules de **sucres** comprenant trois atomes de carbone.

Le **gaz carbonique** renferme un atome de carbone.

**chloroplaste**

**oxygène**

Les **thylakoïdes** sont de petits sacs aplatis, empilés les uns sur les autres, à la surface desquels se trouve la chlorophylle.

La **phase claire** nécessite l'éclairage de la feuille.

La **phase sombre** est indépendante de la lumière.

## LES PRODUITS DE LA PHOTOSYNTHÈSE

Les sucres fabriqués par photosynthèse sont emmagasinés dans la cellule sous forme d'amidon, transformés en autres molécules organiques, comme les protéines, ou dégradés dans les mitochondries lors de la respiration pour subvenir aux besoins énergétiques de la plante.

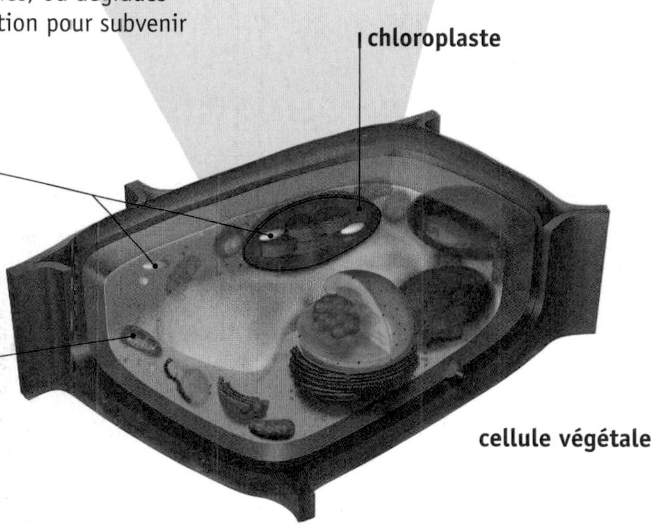
chloroplaste
cellule végétale

L'amidon est un sucre complexe formé par l'assemblage des sucres produits par photosynthèse. Il est emmagasiné dans la cellule sous forme de **grains d'amidon.**

Les **mitochondries** sont responsables de la respiration, réaction qui génère l'énergie nécessaire à l'activité de la cellule.

## LE MÉTABOLISME DES PLANTES

Le métabolisme est l'ensemble des réactions chimiques qui permettent à un être vivant de vivre et de se développer. On distingue les réactions de construction de matière vivante (anabolisme) et les réactions de dégradation (catabolisme). Ces réactions ont lieu à l'intérieur de chacune des cellules de l'organisme.

La photosynthèse, qui aboutit à la fabrication de sucres, permet l'édification de la plante. Elle consomme de l'énergie lumineuse, de l'eau et du gaz carbonique. La respiration, au contraire, consiste en la dégradation des sucres. Elle génère l'énergie nécessaire aux différentes activités de la plante, comme la croissance et la reproduction. Pour que la plante croisse, il faut que la quantité de matière organique fabriquée par photosynthèse excède les pertes dues à la respiration.

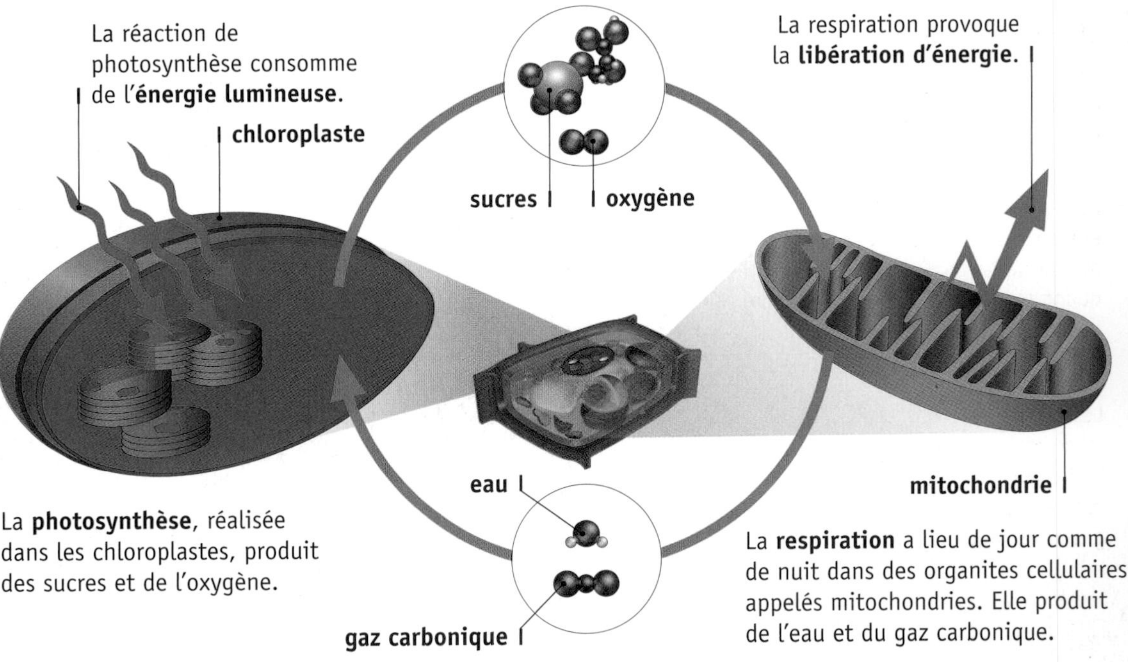
La réaction de photosynthèse consomme de l'**énergie lumineuse.**
**chloroplaste**
**sucres**
**oxygène**
La respiration provoque la **libération d'énergie.**
**eau**
**mitochondrie**
**gaz carbonique**

La **photosynthèse**, réalisée dans les chloroplastes, produit des sucres et de l'oxygène.

La **respiration** a lieu de jour comme de nuit dans des organites cellulaires appelés mitochondries. Elle produit de l'eau et du gaz carbonique.

## LES ÉCHANGES GAZEUX

Les échanges gazeux entre la plante et l'atmosphère se font à travers des minuscules pores, les stomates, situés principalement sous les feuilles. Les stomates sont constitués de deux cellules encadrant une ouverture, l'ostiole. Selon les besoins de la plante, les stomates s'ouvrent ou se ferment.

Lors de la photosynthèse, les plantes consomment du gaz carbonique et libèrent de l'oxygène. L'inverse se produit quand les plantes respirent. La respiration et la photosynthèse jouent ainsi un rôle majeur dans le maintien de l'équilibre des gaz de l'atmosphère.

De plus, les plantes transpirent : de la vapeur d'eau s'échappe des feuilles par les stomates. Cette transpiration foliaire permet à la plante de maintenir une teneur en eau optimale.

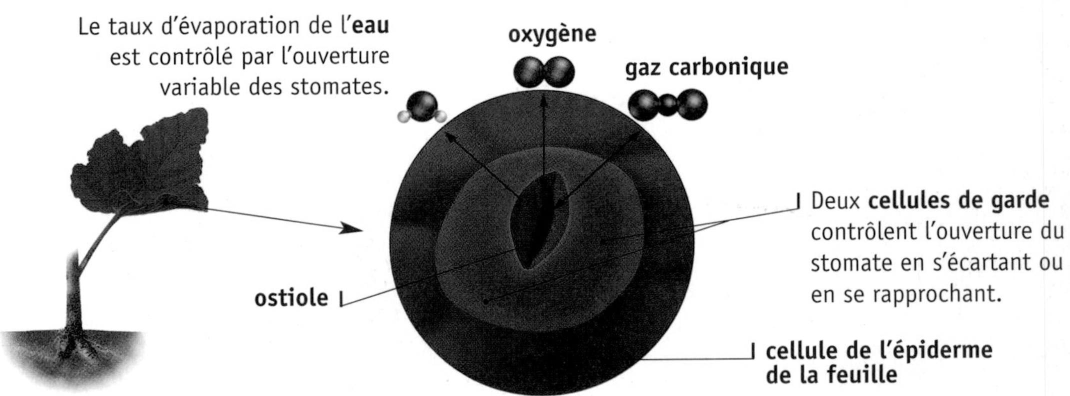
Le taux d'évaporation de l'**eau** est contrôlé par l'ouverture variable des stomates.
**oxygène**
**gaz carbonique**
Deux **cellules de garde** contrôlent l'ouverture du stomate en s'écartant ou en se rapprochant.
**ostiole**
**cellule de l'épiderme de la feuille**

# La sève

## *Le fluide vital des plantes*



La sève est un liquide nutritif qui circule dans les racines, les tiges et les feuilles de la plante. Il existe deux types de sèves : la sève brute et la sève élaborée. La sève brute est composée d'eau et de sels minéraux, dont plusieurs sont essentiels à la survie de la plante. La sève élaborée renferme les sucres fabriqués lors de la photosynthèse. La sève est transportée dans toute la plante par des tissus spécialisés formés de vaisseaux conducteurs.

### LES MINÉRAUX ESSENTIELS

Les organismes végétaux renferment une soixantaine d'éléments chimiques, parmi lesquels 17 sont essentiels à leur bon fonctionnement. Les trois principaux sont le carbone, l'hydrogène et l'oxygène. Ils servent à l'édification de la plante et sont obtenus par transformation de l'eau et du gaz carbonique lors de la photosynthèse.

Les autres éléments sont puisés dans le sol par les racines, sous forme minérale. Ces minéraux essentiels entrent dans la composition des tissus de la plante ou jouent un rôle d'activateur du métabolisme. On distingue les micro-éléments, nécessaires en petites doses, des macro-éléments, requis en plus grandes quantités. Les carences minérales peuvent perturber le cycle de reproduction de la plante, provoquer la déformation des tiges ou encore le jaunissement des feuilles.

Les **principaux éléments** dont se nourrit la plante (carbone, hydrogène, oxygène) proviennent de l'eau du sol et du gaz carbonique de l'atmosphère.

| LE RÔLE DES MICRO-ÉLÉMENTS ESSENTIELS | |
|---|---|
| **molybdène et cobalt** | aident à la fixation de l'azote |
| **cuivre et zinc** | activent plusieurs réactions cellulaires |
| **manganèse** | participe à la photosynthèse |
| **bore** | est nécessaire à la division cellulaire |
| **fer** | est nécessaire à la fabrication de la chlorophylle |
| **chlore** | intervient dans l'ouverture et la fermeture des stomates |
| **nickel** | contribue à la viabilité des graines |

Le **gaz carbonique** de l'atmosphère pénètre dans la plante au niveau des feuilles.

L'**eau** du sol est absorbée par les racines.

| LE RÔLE DES MACRO-ÉLÉMENTS ESSENTIELS | |
|---|---|
| **soufre** | composant des protéines |
| **magnésium** | composant de la chlorophylle |
| **calcium** | composant de la paroi cellulaire |
| **phosphore** | composant de molécules de transport d'énergie |
| **potassium** | intervient dans l'ouverture et la fermeture des stomates |
| **azote** | composant, entre autres, des protéines |

Les **sels minéraux** puisés par les racines sont issus de la dégradation des roches du sol.

## LE TRANSPORT DE LA SÈVE

La sève circule à l'intérieur d'un réseau de vaisseaux conducteurs qui parcourent la plante. Selon le type de sève, elle n'emprunte pas le même circuit.

La sève brute est composée d'eau et de sels minéraux absorbés dans le sol par les racines. Elle est ascendante : elle se déplace des racines, souterraines, vers les feuilles. La sève brute est transportée par le xylème, un tissu conducteur formé de larges vaisseaux. Son déplacement résulte principalement de la transpiration foliaire et, dans une moindre mesure, de la poussée racinaire.

La sève élaborée contient les sucres issus de la photosynthèse. Elle est fabriquée dans les feuilles puis distribuée vers les autres organes par le réseau de conduits du phloème. La différence de concentration en sucres aux deux extrémités des tubes de phloème joue un rôle important dans ce transport.

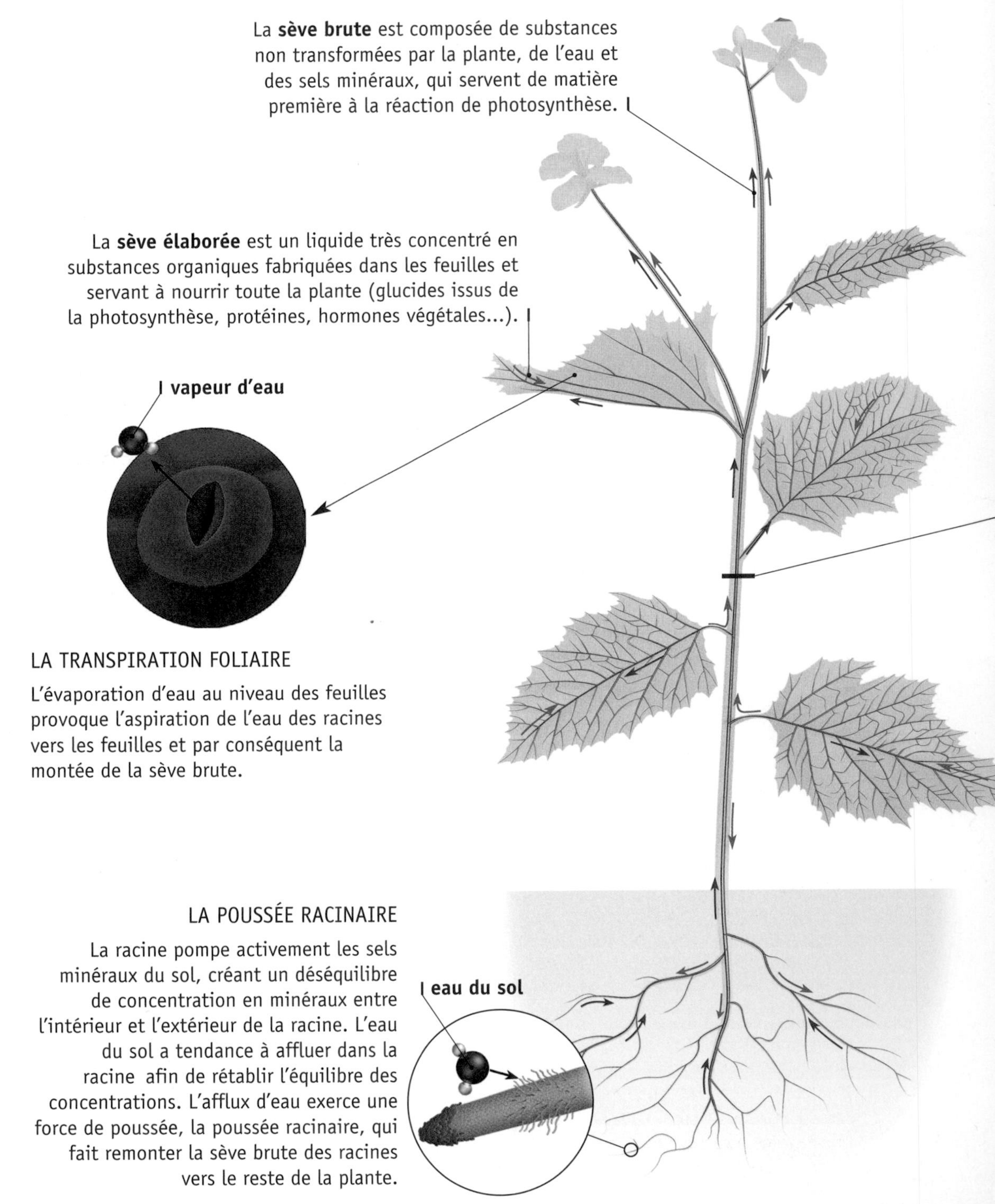

La **sève brute** est composée de substances non transformées par la plante, de l'eau et des sels minéraux, qui servent de matière première à la réaction de photosynthèse.
La **sève élaborée** est un liquide très concentré en substances organiques fabriquées dans les feuilles et servant à nourrir toute la plante (glucides issus de la photosynthèse, protéines, hormones végétales...).
vapeur d'eau
eau du sol


LA TRANSPIRATION FOLIAIRE

L'évaporation d'eau au niveau des feuilles provoque l'aspiration de l'eau des racines vers les feuilles et par conséquent la montée de la sève brute.

LA POUSSÉE RACINAIRE

La racine pompe activement les sels minéraux du sol, créant un déséquilibre de concentration en minéraux entre l'intérieur et l'extérieur de la racine. L'eau du sol a tendance à affluer dans la racine afin de rétablir l'équilibre des concentrations. L'afflux d'eau exerce une force de poussée, la poussée racinaire, qui fait remonter la sève brute des racines vers le reste de la plante.

## LE XYLÈME

Le xylème des plantes à fleurs est composé de vaisseaux et de trachéides conducteurs de la sève brute.

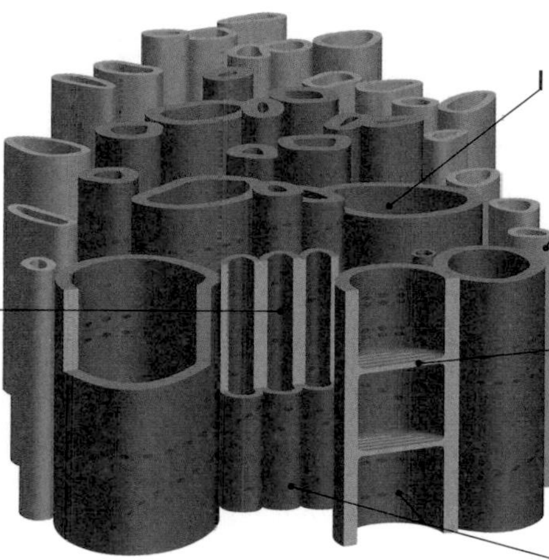

Les **vaisseaux** du xylème sont constitués de cellules mortes et allongées disposées bout à bout.

Le **sclérenchyme** est un tissu de soutien formé de cellules dont la paroi est épaisse et rigidifiée.

Les **trachéides** sont des cellules allongées dont la paroi poreuse permet le passage de la sève brute. Elles peuvent aussi emmagasiner la sève temporairement.

La **paroi transversale** des cellules des vaisseaux est largement perforée, permettant la libre circulation de la sève brute.

La **paroi longitudinale** poreuse facilite le passage de la sève brute entre les vaisseaux et les trachéides.

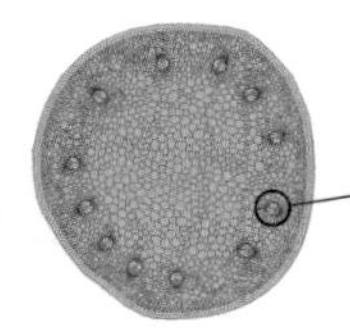

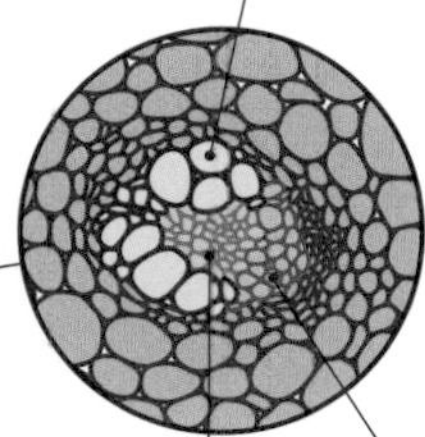

## LES VAISSEAUX CONDUCTEURS DE SÈVE

Le xylème et le phloème sont indépendants : ils forment deux réseaux parallèles de vaisseaux conducteurs de sève, s'étendant des racines aux nervures des feuilles.

Le **cambium** est un tissu de croissance qui donne naissance aux vaisseaux du xylème et du phloème.

## LE PHLOÈME

Le phloème est formé de tubes criblés spécialisés dans le transport de la sève élaborée.

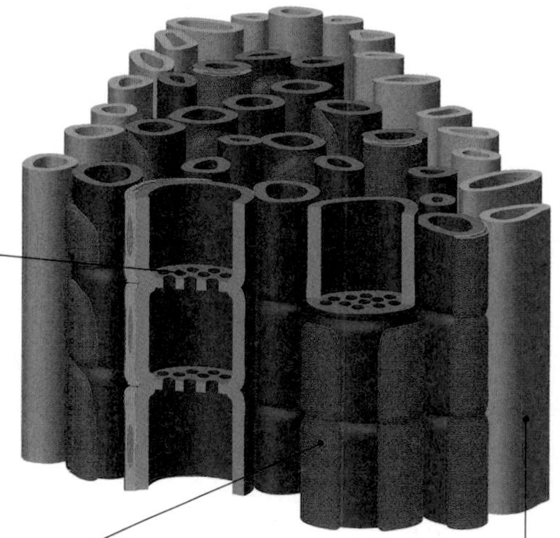

Les **tubes criblés** sont constitués de files de cellules allongées partiellement vidées de leur contenu cellulaire. Leurs parois transversales criblées permettent la circulation de la sève élaborée.

Accolées aux tubes criblés, les **cellules compagnes** sont des cellules vivantes qui jouent un rôle d'intermédiaire dans le transfert des sucres entre les cellules photosynthétiques et le phloème.

**sclérenchyme**

# Les végétaux hétérotrophes

*Vivre aux dépens des autres*

Les plantes chlorophylliennes fabriquent leur propre nourriture par photosynthèse, à partir de l'eau et des sels minéraux puisés dans le sol. Elles sont autotrophes. À l'inverse, les végétaux hétérotrophes sont incapables de se nourrir par eux-mêmes. Ils puisent la totalité ou une partie de leur nourriture auprès d'autres êtres vivants. On distingue différents types de végétaux hétérotrophes, selon la relation qu'ils entretiennent avec leurs hôtes. Dans le cas d'une symbiose, le végétal hétérotrophe et son hôte tirent tous deux bénéfice de leur association. Les végétaux parasites, en revanche, détournent les ressources de leur hôte à leur seul profit.

## LES VÉGÉTAUX SYMBIOTIQUES

La symbiose désigne l'association de deux organismes qui bénéficient mutuellement de leur vie commune. Les lichens sont composés d'un champignon et d'une algue vivant en symbiose. Les mycorhizes (association d'un champignon et des racines d'un arbre) sont aussi des exemples de symbioses.

### LES MYCORHIZES

Une mycorhize est formée par l'association des racines d'un arbre et des filaments souterrains d'un champignon. Le champignon bénéficie de la matière organique qui circule dans la racine, tandis que l'arbre profite d'une plus grande surface de contact au sol, et donc d'un meilleur accès à l'eau et aux sels minéraux. Les mycorhizes sont fréquentes : 80 % des plantes à fleurs et des conifères abritent un champignon dans leur système racinaire.

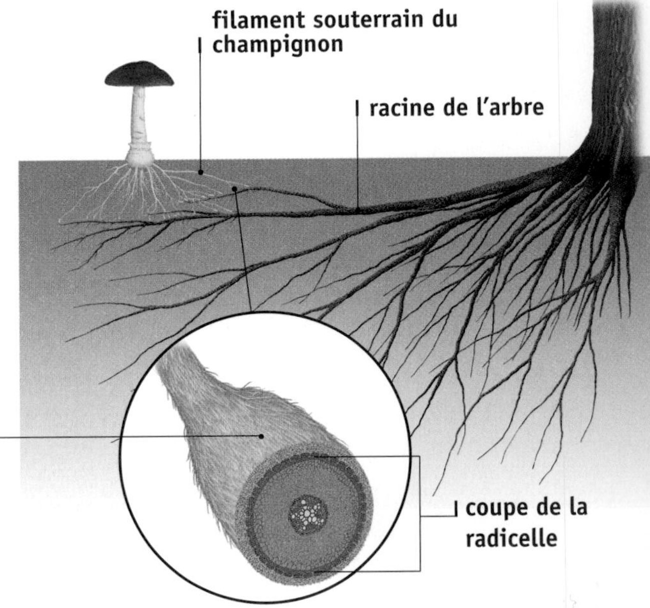
filament souterrain du champignon
racine de l'arbre
coupe de la radicelle

Les filaments du champignon forment parfois un **manchon** autour d'une radicelle.

### LES LICHENS

Les lichens sont formés par l'association d'une algue et d'un champignon vivant en symbiose. L'algue, chlorophyllienne, fabrique la matière organique nécessaire aux deux partenaires, tandis que le champignon approvisionne le couple en eau et en sels minéraux. Les lichens poussent généralement à la surface des arbres ou des rochers.

filament du champignon
cellule de l'algue

## LES VÉGÉTAUX PARASITES

Les végétaux parasites sont incapables de réaliser la photosynthèse et dépendent par conséquent entièrement de leur hôte. La plupart d'entre eux, comme la cuscute, possèdent des suçoirs, sorte de racines qui pénètrent dans la tige de l'hôte jusqu'aux faisceaux conducteurs et aspirent la sève élaborée.

La **cuscute** s'enroule autour de la tige de la plante qu'elle parasite.

### LA CUSCUTE

La cuscute est une plante herbacée qui parasite de nombreuses plantes, herbacées ou ligneuses. Elle présente de petites fleurs blanches et des tiges rougeâtres, enroulées en vrilles autour des tiges de la plante hôte. La cuscute ne possède pas de feuilles et elle est incapable de réaliser la photosynthèse. Elle se nourrit exclusivement de la matière organique fabriquée par son hôte, qu'elle pompe directement dans le phloème à l'aide de suçoirs.

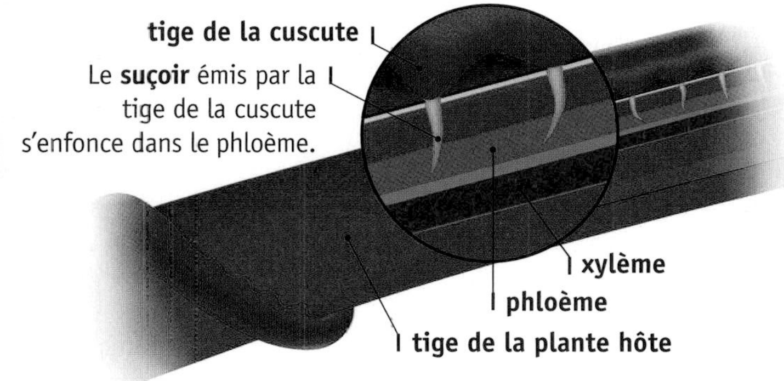
**tige de la cuscute**
Le **suçoir** émis par la tige de la cuscute s'enfonce dans le phloème.
**xylème**
**phloème**
**tige de la plante hôte**

## LES VÉGÉTAUX SEMI-PARASITES

Ces végétaux possèdent de la chlorophylle et peuvent donc fabriquer leur nourriture par photosynthèse. Cependant, comme ils sont dépourvus de racines, ils doivent puiser l'eau et les sels minéraux de base auprès d'un hôte, en pompant sa sève brute. C'est le cas du gui, par exemple.

### LE GUI

Le gui est un semi-parasite qui pousse en touffes sur les branches de nombreux arbres. Ses baies translucides contiennent une substance très collante caractéristique. Le gui plonge ses suçoirs jusqu'aux vaisseaux du xylème de son hôte afin d'y puiser de la sève brute. Il utilise ensuite cette matière première pour fabriquer sa nourriture par photosynthèse.

Le feuillage verdâtre du **gui** est persistant, si bien qu'en hiver, quand l'arbre hôte a perdu ses feuilles, le gui est encore bien visible.

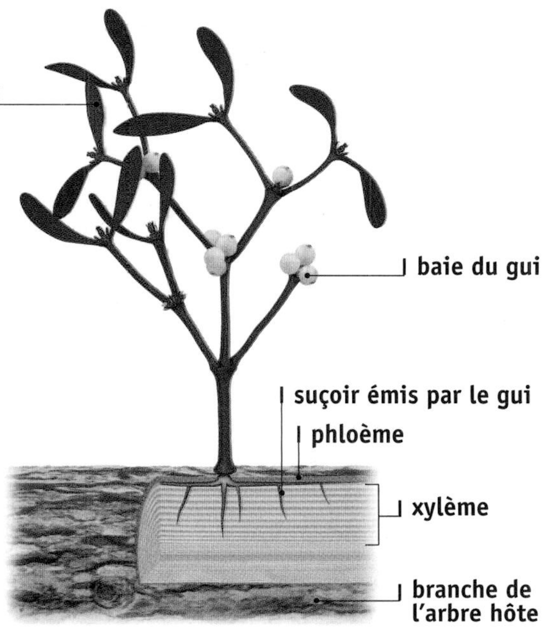
**feuille chlorophyllienne du gui**
**baie du gui**
**suçoir émis par le gui**
**phloème**
**xylème**
**branche de l'arbre hôte**

## LES PLANTES CARNIVORES

Les plantes carnivores sont capables de fabriquer leur propre nourriture par photosynthèse. Cependant, les animaux qu'elles capturent leur apportent un complément alimentaire qui leur permet de survivre sur des sols pauvres en azote, acides et marécageux, comme les tourbières. On dénombre environ 600 espèces de plantes carnivores. Elles capturent principalement des insectes, qu'elles digèrent lentement grâce à des sucs digestifs.

Les plantes carnivores utilisent diverses stratégies pour piéger leurs proies. La moitié des espèces capture ses proies par aspiration : l'animal est aspiré à l'intérieur d'un petit sac où il sera digéré grâce à des sucs digestifs. Près du tiers des espèces de plantes carnivores piège ses victimes dans du mucilage, un nectar visqueux dans lequel l'insecte est englué puis digéré. Une centaine d'espèces végétales disposent de pièges à urne, sorte de puits duquel l'animal piégé ne peut pas ressortir. Enfin, les pièges à charnière sont spectaculaires mais très rares : seulement deux espèces connues l'utilisent.

### PIÈGE PAR ASPIRATION

L'**utriculaire** est une plante aquatique flottante dépourvue de racines. Certaines de ses feuilles sont transformées en minuscules outres, appelées utricules. Lorsqu'un insecte effleure un utricule, celui-ci s'ouvre brutalement. Il se remplit d'air ou d'eau, aspirant l'insecte au passage. L'utricule se referme et se contracte sur la victime. Des glandes digestives produisent des sucs qui dégradent les parties molles de l'insecte.

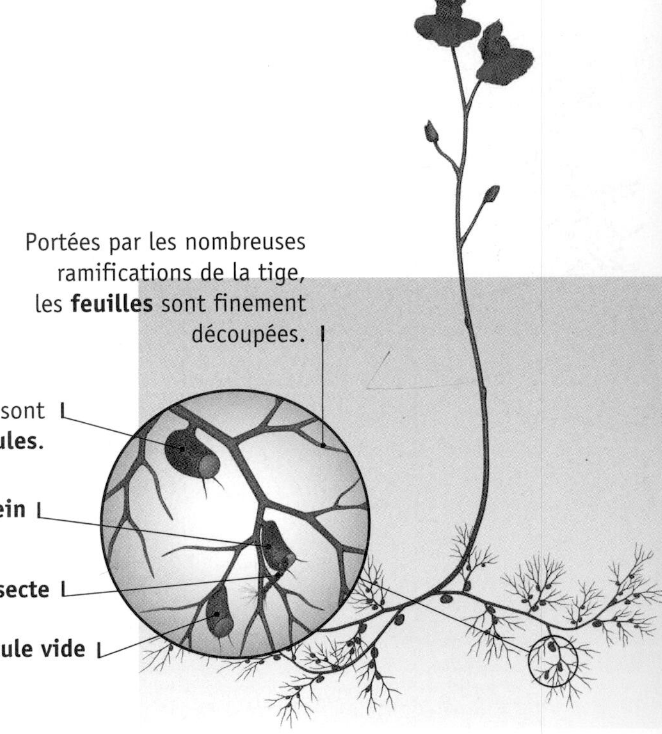
Portées par les nombreuses ramifications de la tige, les **feuilles** sont finement découpées.
Certaines feuilles sont transformées en **utricules**.
**utricule plein**
**insecte**
**utricule vide**

### PIÈGE À MUCILAGE

La **drosera** est une petite plante carnivore qui s'est adaptée à la plupart des régions du globe.

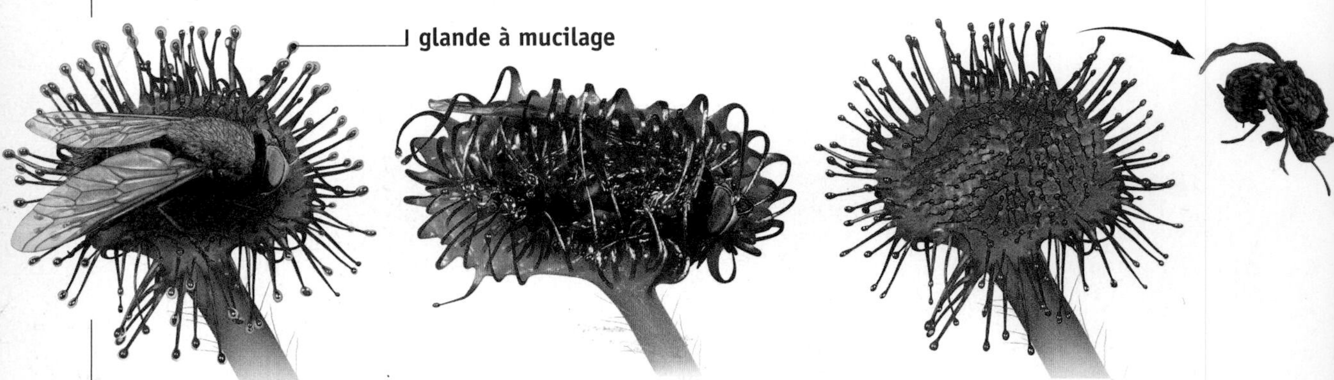
**glande à mucilage**

❶ La drosera porte sur ses feuilles de petites glandes allongées produisant du mucilage, un liquide sucré et collant qui attire les insectes.

❷ L'insecte est englué dans le mucilage et les glandes de la feuille se rabattent sur lui.

❸ Après quelques jours, il ne reste plus que les parties rigides du corps de la victime, dispersées par le vent.

## PIÈGE À CHARNIÈRE

La **dionée** est originaire de la région frontalière entre la Caroline du Nord et la Caroline du Sud, aux États-Unis. Ses feuilles possèdent deux lobes articulés autour de la nervure centrale. Elles sont colorées en rouge et produisent du nectar, deux caractères très attirants pour les insectes. Lorsqu'un insecte touche une feuille, les deux lobes se rabattent brutalement l'un sur l'autre, emprisonnant l'insecte. Ce dernier sera lentement digéré.

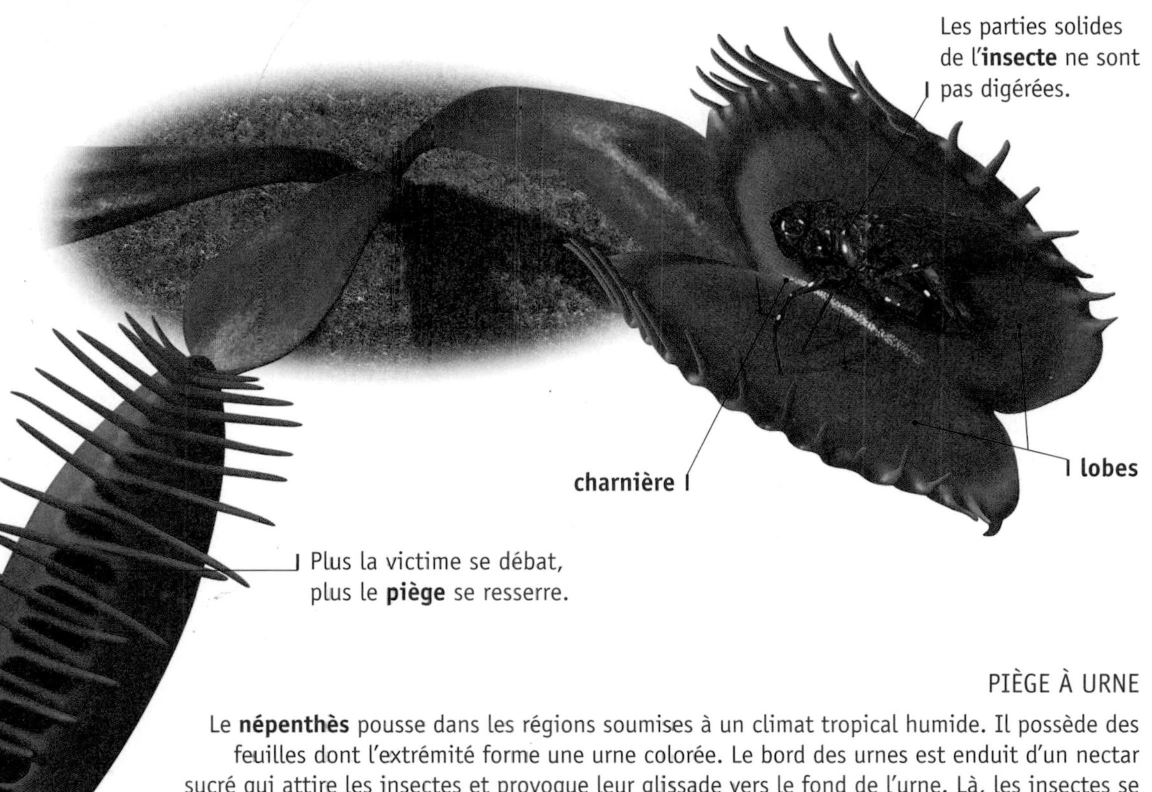
Les parties solides de l'**insecte** ne sont pas digérées.
**charnière**
**lobes**
Plus la victime se débat, plus le **piège** se resserre.

## PIÈGE À URNE

Le **népenthès** pousse dans les régions soumises à un climat tropical humide. Il possède des feuilles dont l'extrémité forme une urne colorée. Le bord des urnes est enduit d'un nectar sucré qui attire les insectes et provoque leur glissade vers le fond de l'urne. Là, les insectes se noient dans un mélange d'eau de pluie et de sécrétions digestives.

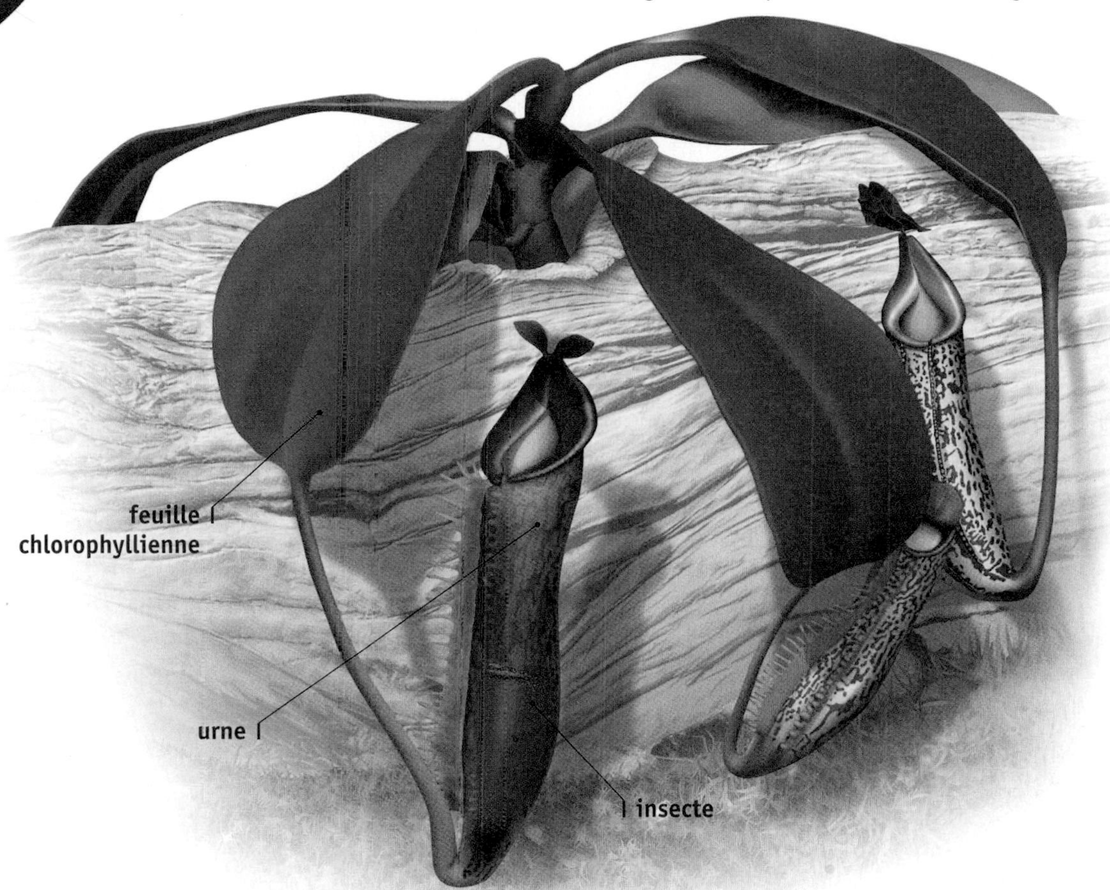
**feuille chlorophyllienne**
**urne**
**insecte**

# La croissance des plantes

## *Le développement de tissus spécialisés*

La croissance des plantes s'opère de deux façons. Les plantes croissent en largeur grâce à la production de nouvelles cellules par un tissu spécialisé, le cambium, et elles s'allongent du fait de la multiplication des cellules situées à l'extrémité des rameaux et des racines. Dans les régions tempérées, les plantes ne poussent qu'au printemps et en été. Dans la zone intertropicale, en revanche, leur croissance est continue. La taille qu'atteint une plante dépend de son espèce mais aussi de son âge et des conditions dans lesquelles elle pousse.

### LA CROISSANCE EN LARGEUR

Les plantes capables de croître en largeur sont les conifères et les dicotylédones (groupe qui rassemble les trois quarts des plantes à fleurs, incluant les arbres). Ces plantes possèdent un tissu particulier, le cambium, capable de générer de nouveaux tissus conducteurs de sève (xylème et phloème). Chez les arbres, le xylème produit par le cambium s'imprègne de lignine et durcit pour former le bois. Chaque année, de nouvelles couches de bois se superposent à celles des années précédentes, faisant croître l'arbre en largeur.

Le **cambium** produit à la fois le phloème, vers l'extérieur, et le xylème, vers l'intérieur, permettant ainsi la croissance en largeur de l'arbre.

Situé directement sous l'écorce, le **phloème** achemine la sève élaborée des feuilles vers toutes les parties de l'arbre.

Le **xylème**, qui assure le transport de la sève brute des racines vers les feuilles, forme une couche de bois relativement récente, en général de couleur claire.

La **moelle**, au centre du tronc, est formée de tissus tendres qui contiennent les substances nutritives essentielles à la croissance du jeune arbre.

Le **bois de cœur**, dur et sombre, est formé de vaisseaux de xylème ayant perdu leur capacité de transporter la sève. Il assure le soutien du tronc et des branches.

Constituée de cellules mortes, l'**écorce** forme une enveloppe rigide qui protège le tronc.

La moelle et l'écorce sont reliées par des **rayons médullaires** qui permettent la circulation des matières nutritives dans le tronc.

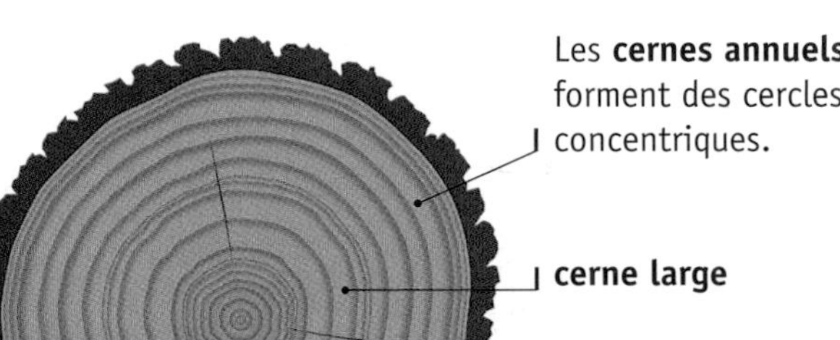

Les **cernes annuels** forment des cercles concentriques.

**cerne large**

**cerne étroit**

### LES CERNES

Une coupe transversale du tronc d'un arbre permet de visualiser la superposition des couches de bois produites année après année. Ces couches s'appellent des cernes annuels. Des cernes larges indiquent une croissance rapide, tandis que des cernes étroits signalent une croissance ralentie. L'âge de l'arbre peut donc être calculé en comptant les cernes.

## LA CROISSANCE EN LONGUEUR

Les plantes grandissent grâce à l'allongement de leurs tiges et de leurs racines. Cette croissance en longueur est due à des tissus de croissance, les méristèmes, en particulier les méristèmes terminaux, situés aux bouts des rameaux et des racines. Les méristèmes sont composés de cellules capables de se diviser rapidement pour générer les différents organes de la plante. Les méristèmes situés à l'extrémité et aux nœuds des rameaux, exposés aux intempéries, sont généralement protégés à l'intérieur de bourgeons.

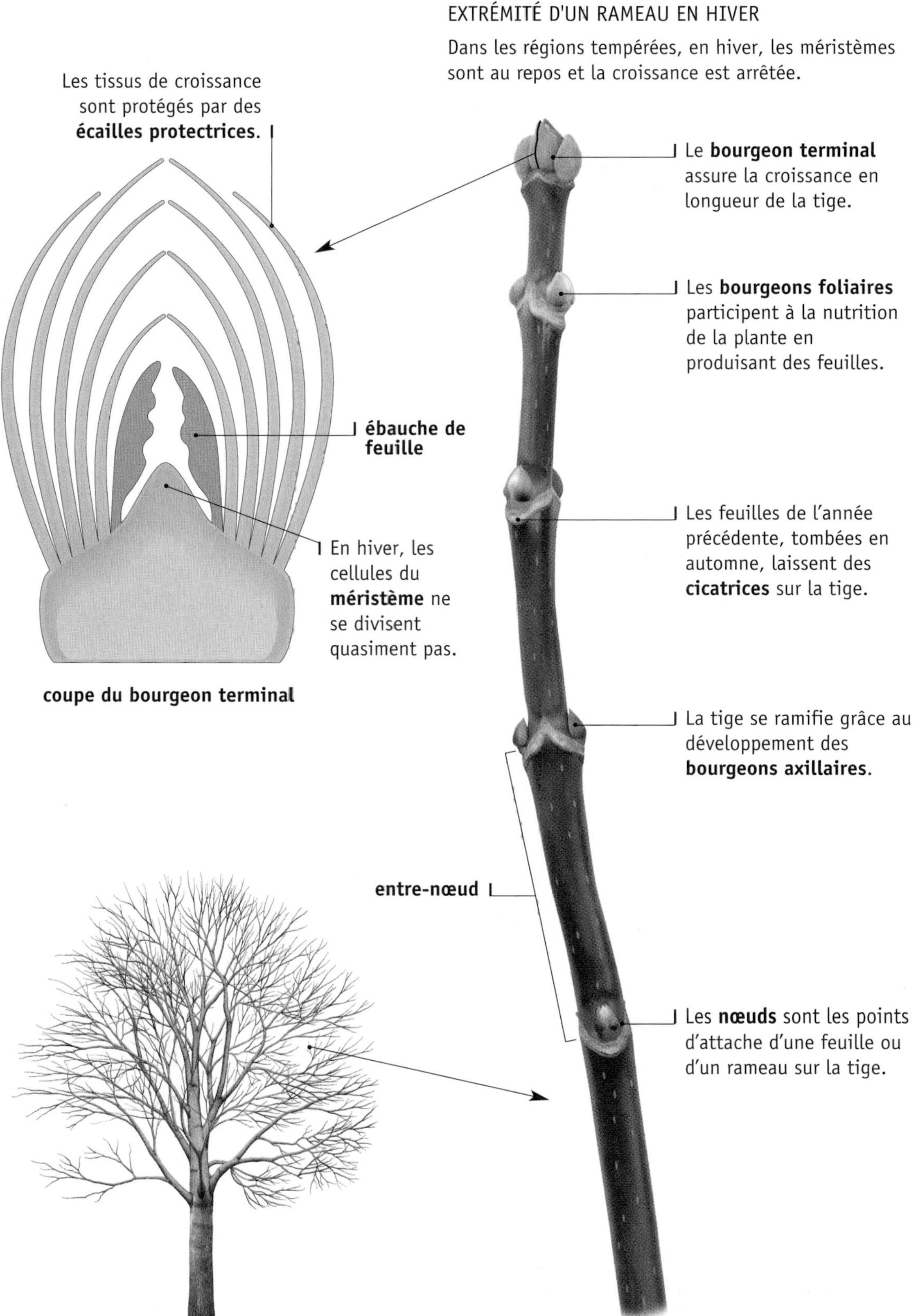
EXTRÉMITÉ D'UN RAMEAU EN HIVER
Dans les régions tempérées, en hiver, les méristèmes sont au repos et la croissance est arrêtée.
Les tissus de croissance sont protégés par des **écailles protectrices.**
**ébauche de feuille**
En hiver, les cellules du **méristème** ne se divisent quasiment pas.
**coupe du bourgeon terminal**
Le **bourgeon terminal** assure la croissance en longueur de la tige.
Les **bourgeons foliaires** participent à la nutrition de la plante en produisant des feuilles.
Les feuilles de l'année précédente, tombées en automne, laissent des **cicatrices** sur la tige.
La tige se ramifie grâce au développement des **bourgeons axillaires.**
**entre-nœud**
Les **nœuds** sont les points d'attache d'une feuille ou d'un rameau sur la tige.

*La croissance des plantes*

## EXTRÉMITÉ D'UN RAMEAU AU PRINTEMPS

Lorsque les conditions météorologiques deviennent favorables, les bourgeons éclosent. Leurs écailles s'ouvrent, les cellules du méristème se mettent à se diviser rapidement, les premières feuilles s'épanouissent et la tige s'allonge. Ce processus est très rapide. Il ne dure que quelques semaines, au début du printemps.

**jeune feuille**

**ébauche de feuille**

Au printemps, les cellules du **méristème** se multiplient rapidement.

Un **bourgeon axillaire**, poussant à l'aisselle d'une feuille, donnera naissance à un rameau.

Les tissus jeunes, non fonctionnels, sont en cours de différenciation. Le **procambium**, par exemple, est un tissu immature qui évolue pour former le cambium.

**xylème**

**cambium**

**phloème**

**pétiole d'une feuille**

## LA TAILLE DES ARBRES

La hauteur des arbres varie de quelques centimètres à plus d'une centaine de mètres. La hauteur d'un arbre ne dépend pas uniquement de son espèce. Elle varie aussi selon son âge et le milieu dans lequel il pousse. En effet, un arbre qui, sous des conditions favorables, croît au-delà de trois mètres de hauteur, peut très bien ne rester qu'un arbuste dans un environnement moins propice à sa croissance.

Dans un environnement propice et sans contraintes, l'arbre atteint la **hauteur maximale** propre à son espèce.

Dans des conditions défavorables, comme une **atmosphère polluée**, l'arbre croît difficilement.

## ARBUSTES ET ARBRISSEAUX

Les arbustes sont des arbres de petite taille. Leur hauteur maximale est d'environ trois mètres. Ce sont soit des plantes arrivées à maturité, soit de jeunes arbres destinés à dépasser cette limite. Les arbustes sont fréquemment utilisés en horticulture pour l'ornement des jardins ou pour la réalisation de haies végétales. Dans la nature, ils poussent à l'ombre des grands arbres des forêts, ou ils forment des fourrés dominant les plantes herbacées des savanes. Ils peuvent avoir un tronc unique, comme l'aulne blanc. Les arbustes dont le tronc est ramifié dès la base, comme le lilas, sont appelés arbrisseaux.

Le **lilas** est un arbrisseau cultivé comme plante d'ornement dans les parcs et les jardins. Ses fleurs, très odorantes, peuvent être mauves, blanches ou roses.

## DES ARBRES D'EXCEPTION

Le plus grand arbre vivant est un séquoia de Californie (*Sequoia sempervirens*) de 112,6 m de hauteur, situé dans un parc du nord de la Californie.

L'arbre vivant le plus volumineux est un séquoia géant (*Sequoiadendron giganteum*) baptisé General Sherman. Cet arbre, situé en Californie, mesure 84 m de hauteur et son volume est estimé à environ 1 480 $m^3$.

L'arbre le plus petit est le saule herbacé (*Salix herbacea*), qui, malgré son nom, possède bien une tige ligneuse. Il pousse en montagne et dans les régions polaires, et ne mesure que quelques centimètres de hauteur.

Les **séquoias** comptent parmi les arbres les plus grands et les plus volumineux. Ces conifères hors normes peuvent vivre pendant plus de 3 000 ans.

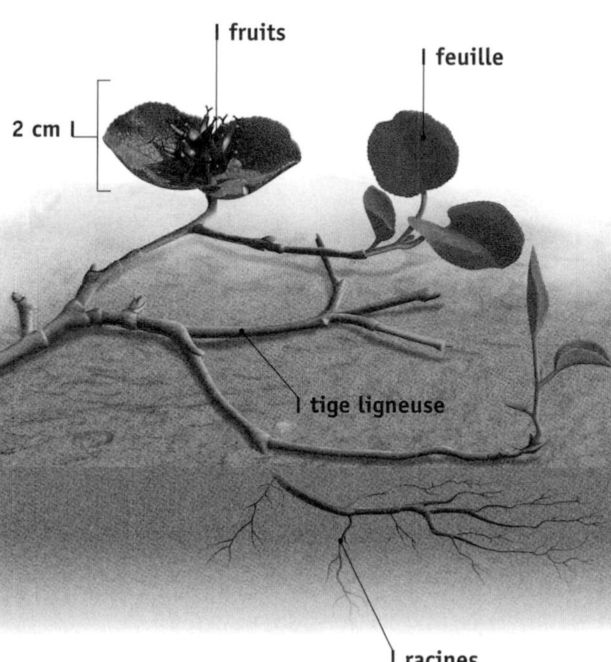
fruits
feuille
2 cm
tige ligneuse
racines

Le **saule herbacé** est un arbre miniature composé d'une tige ligneuse et de quelques feuilles encadrant un groupe de fleurs ou de fruits. Il fait partie du tapis végétal des régions froides, la toundra.

# Les hormones végétales

## *Des régulateurs chimiques*

*Nutrition et croissance*

Les hormones sont des substances chimiques qui circulent dans les organismes vivants et qui régulent leur fonctionnement. Les hormones végétales, ou phytohormones, sont des hormones fabriquées par les plantes. Elles sont souvent transportées dans la sève, comme les hormones humaines sont transportées dans le sang. Véritables signaux chimiques émis par une cellule à destination d'une autre, les hormones végétales agissent en modifiant l'activité du tissu cible, par exemple en stimulant la division des cellules. Elles coordonnent ainsi le développement de la plante.

### LE MÉCANISME D'ACTION DES HORMONES VÉGÉTALES

Certaines hormones agissent dans le tissu même où elles ont été produites. D'autres sont transportées vers un tissu cible, généralement par les vaisseaux conducteurs de sève. Par exemple, les hormones du groupe des cytokinines sont fabriquées à l'extrémité des racines ❶. Elles sont transportées dans les vaisseaux du xylème ❷ vers les feuilles ❸, où elles stimulent la division cellulaire ❹.

❷
transport des cytokinines
❶
fabrication des cytokinines

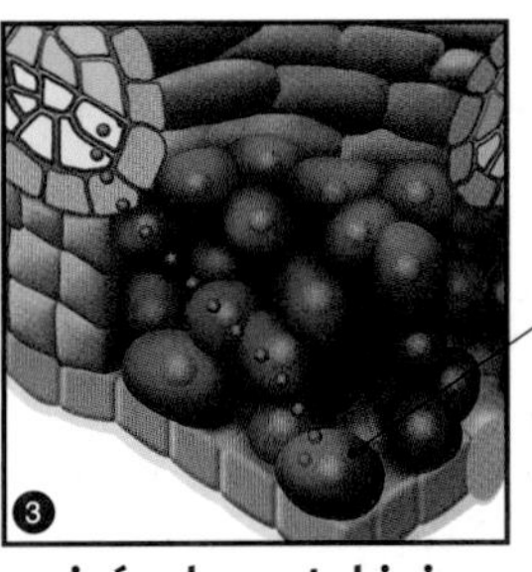
❸
arrivée des cytokinines dans le tissu cible
❹
action des cytokinines
Sous l'effet des cytokinines, la cellule se **divise**.

### LES PRINCIPALES HORMONES VÉGÉTALES

Les hormones végétales les plus étudiées sont l'éthylène, l'acide abscissique et les hormones des groupes des auxines, des cytokinines et des gibbérellines. D'autres phytohormones ont été découvertes récemment, comme les brassinolides, qui favorisent la division des cellules pendant la croissance, et l'acide salicylique, qui stimule les défenses de la plante contre les maladies.

| LE RÔLE DES PRINCIPALES HORMONES VÉGÉTALES | |
|---|---|
| **auxines** | Elles favorisent la croissance du bourgeon terminal et inhibent la croissance des bourgeons axillaires, inhibent la chute des feuilles et des fruits, stimulent le développement des fruits et sont impliquées dans le phototropisme. |
| **cytokinines** | Elles favorisent la multiplication des cellules et ralentissent le vieillissement des feuilles. |
| **éthylène** | Il déclenche la maturation de certains fruits, le vieillissement des feuilles et des fleurs et la chute des feuilles et des fruits (abscission). |
| **acide abscissique** | Il est responsable de la fermeture des stomates quand la plante manque d'eau et inhibe la germination des graines. Contrairement à ce que son nom suggère, l'acide abscissique n'est pas impliqué dans la chute des feuilles et des fruits (abscission). |
| **gibbérellines** | Elles favorisent l'allongement des tiges, déclenchent la germination des graines et stimulent la floraison de certaines plantes. |

# Les tropismes

## *La croissance sous influence extérieure*

La croissance des plantes est régie par des hormones végétales, qui circulent à l'intérieur de la plante, mais elle subit aussi l'influence de facteurs extérieurs. L'orientation de la croissance dans une direction donnée en réponse à une stimulation externe s'appelle un tropisme. Il existe plusieurs types de tropismes, selon la nature de la stimulation. Le gravitropisme répond à la force de gravité, l'hydrotropisme à l'humidité, le phototropisme à la lumière et le thigmotropisme à un contact. Si la plante pousse en direction de la source de stimulation, le tropisme est positif. Dans le cas contraire, il est négatif.

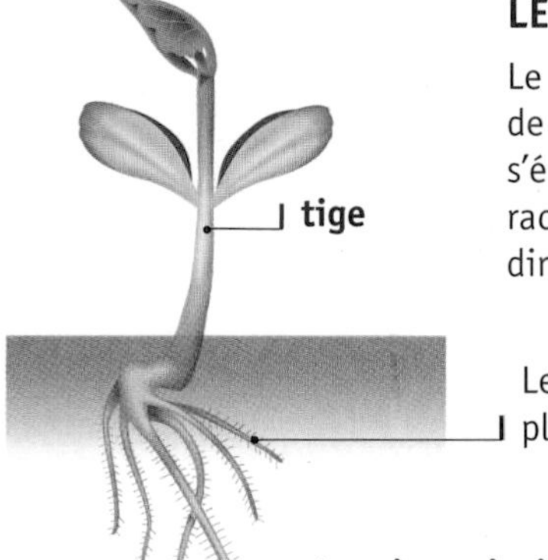
tige
racine principale

jeune pousse de haricot

### LE GRAVITROPISME

Le gravitropisme, ou géotropisme, désigne l'orientation de la croissance de la plante en réponse à la force de gravité. Les tiges poussent en s'éloignant du centre de gravité de la Terre (gravitropisme négatif). La racine principale, au contraire, pousse habituellement vers le bas, en direction du centre de gravité terrestre (gravitropisme positif).

Les **racines** poussent vers les endroits les plus humides (hydrotropisme positif).

### LE THIGMOTROPISME

Lorsque la zone de croissance située à l'extrémité d'une tige touche un objet, la croissance est bloquée localement; la tige se courbe alors vers l'objet. Cette réaction, appelée thigmotropisme, est remarquable chez les plantes grimpantes comme le liseron, dont les tiges peuvent s'enrouler autour d'un tuteur.

**liseron**

**tuteur**

**champ de tournesols**

### LE PHOTOTROPISME

Le phototropisme est une réaction de la plante par rapport à une source de lumière. Les tournesols doivent leur nom au fait que leurs fleurs sont orientées face au soleil, quelle que soit l'heure du jour (phototropisme positif). Les racines, elles, poussent à l'obscurité (phototropisme négatif).

### LA NUTATION

Indépendamment de toute stimulation extérieure, l'extrémité de la tige des plantes se développe en décrivant une spirale : ce mouvement est appelé nutation. La nutation est imperceptible, à moins de filmer la plante pendant plusieurs heures et de visualiser le film à vitesse rapide. Cependant, les plantes dites volubiles, comme le liseron, effectuent une nutation de grande amplitude, la circumnutation : la tige pousse en balayant l'espace. Si elle rencontre un support, elle peut réagir en s'y enroulant.

L'extrémité de la tige des plantes pousse en décrivant une **spirale**.

Des déserts aux régions polaires en passant par les forêts et les océans, **chaque milieu possède une flore caractéristique**, adaptée aux conditions environnementales, au climat et au relief. Tandis que, dans les régions arides, des plantes se gorgent d'eau pour résister aux périodes de sécheresse, celles des milieux humides emmagasinent de l'air dans leurs tissus. À l'échelle du globe, les végétaux composent une formidable mosaïque. **Une mosaïque fragile**, constamment menacée par les activités humaines.

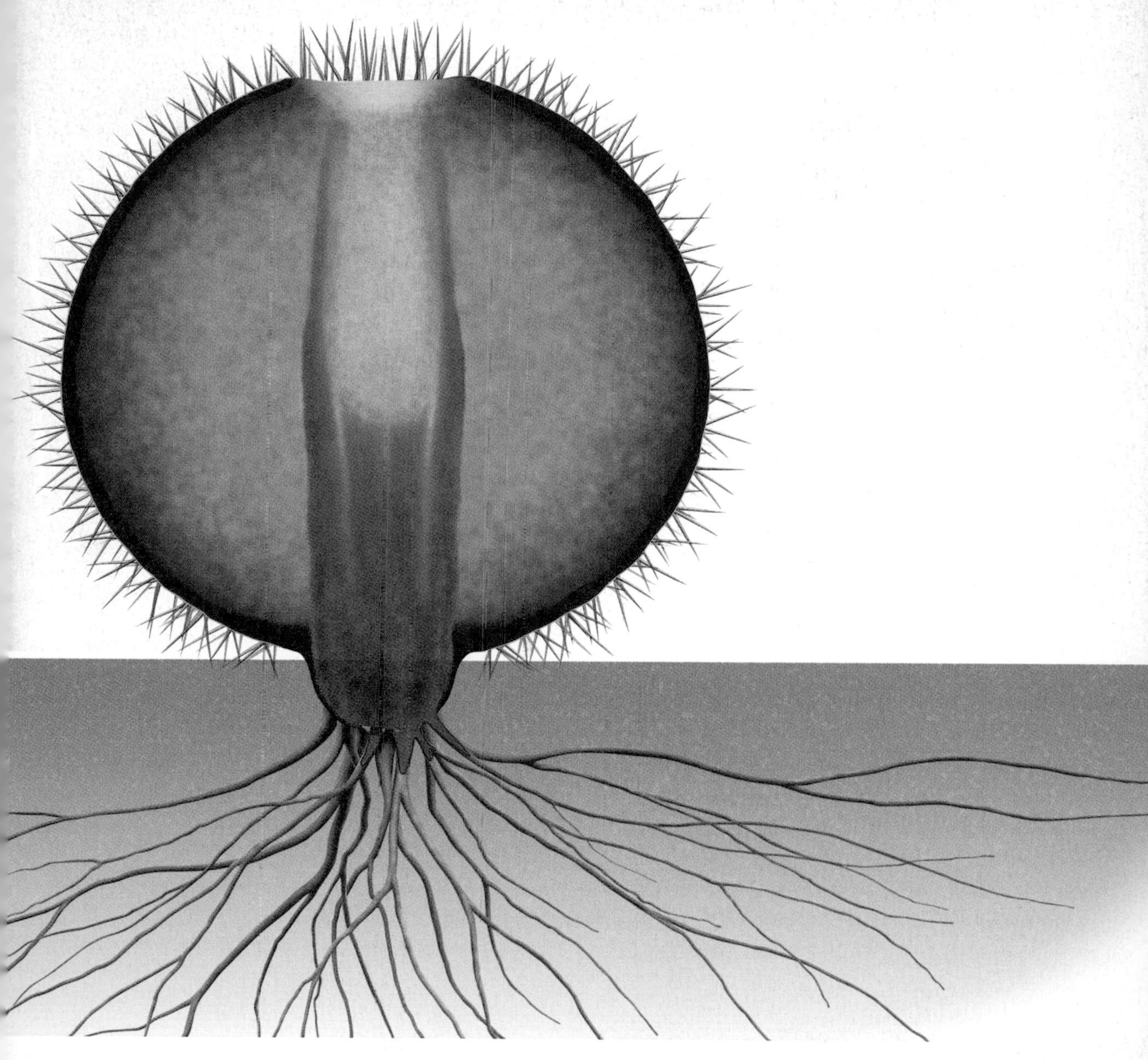

# Les plantes et leur milieu


82 **Les formations végétales**
*Une mosaïque de paysages naturels*

84 **La forêt équatoriale**
*Une forêt foisonnante de vie*

86 **Les savanes**
*Le domaine des hautes herbes*

88 **Les forêts tempérées**
*Des feuillus et des conifères*

90 **Les plantes succulentes**
*Des plantes adaptées aux milieux secs*

92 **Les plantes aquatiques**
*Des plantes capables d'emmagasiner l'air*

94 **Les aires protégées**
*La conservation des espèces*

# Les formations végétales

## *Une mosaïque de paysages naturels*

Une formation végétale correspond à une communauté d'espèces végétales parmi lesquelles certaines prédominent et déterminent un paysage caractéristique. On distingue par exemple la forêt, peuplée de grands arbres, de la prairie, composée de plantes herbeuses. Les principales formations végétales peuvent être nuancées selon les conditions locales. La steppe, par exemple, est une forme de prairie semi-aride d'Asie. À l'échelle de la planète, les botanistes distinguent 225 formations végétales différentes.

### LES PRINCIPALES FORMATIONS VÉGÉTALES DANS LE MONDE

La végétation varie selon le climat et la nature du sol. On distingue huit formations végétales principales réparties autour de la planète.

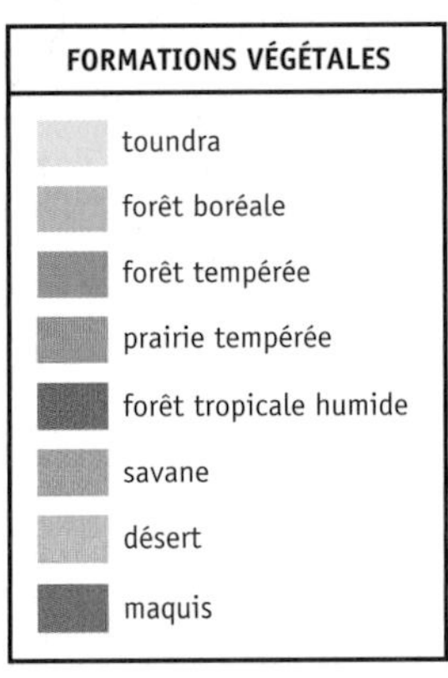
FORMATIONS VÉGÉTALES
toundra
forêt boréale
forêt tempérée
prairie tempérée
forêt tropicale humide
savane
désert
maquis

La **forêt boréale** est une vaste étendue forestière composée principalement de conifères, mais où poussent aussi quelques feuillus.

La **forêt tropicale humide** est une forêt dense parmi les plus riches en biodiversité, qui croît grâce à des précipitations abondantes et régulières.

La **prairie tempérée** est une zone herbacée pratiquement dépourvue d'arbres, où prédominent les graminées, dans des régions où l'hiver est relativement sec et froid.

La **forêt tempérée** est composée principalement de feuillus, parmi lesquels des chênes, des frênes et des hêtres.

La **toundra** est une formation végétale des régions froides et arides, constituée de mousses, de lichens, d'herbes, de buissons et d'arbres nains.

Des herbes courtes composent la **steppe** qui s'étend au pied des montagnes du Caucase.

Le **maquis** est un paysage végétal aujourd'hui dégradé, composé d'arbustes à feuilles persistantes, adaptés à la sécheresse estivale.

Le **désert** est une région très aride où les précipitations sont inférieures à 250 mm par an et où la végétation est rare.

La **savane** est une étendue herbacée où prédominent les graminées de grandes dimensions et les arbustes, dans des régions chaudes marquées par une saison des pluies.

# La forêt équatoriale

## *Une forêt foisonnante de vie*

La forêt équatoriale, ou forêt tropicale humide, est une forêt dense qui recèle une incroyable biodiversité. Bien qu'elle ne couvre que 7 % des terres émergées de la planète, la forêt équatoriale abrite la moitié des espèces vivantes. On y trouve 20 fois plus d'espèces d'arbres que dans la forêt tempérée.

### UNE FORÊT ÉTAGÉE

Les régions équatoriales sont soumises au climat tropical humide, caractérisé par une chaleur et une humidité constantes. Les espèces végétales qui peuplent la forêt équatoriale bénéficient ainsi de conditions atmosphériques très favorables à leur croissance. Cependant, la luminosité, indispensable à la photosynthèse, varie selon l'étage de la forêt. Des arbres gigantesques, comme des ficus, s'élèvent à plusieurs dizaines de mètres de hauteur. Leurs feuillages forment l'étage supérieur de la forêt, la canopée, qui absorbe la plus grande partie du rayonnement solaire. Les espèces du sous-bois (palmiers, fougères...) demeurent à l'abri de la lumière et du vent.

Dans les régions équatoriales, le jour et la nuit sont d'égale longueur tout au long de l'année. Cette **luminosité** régulière favorise la croissance des végétaux.

La **canopée** est l'étage supérieur de la forêt, situé entre 30 et 45 m de hauteur. Elle abrite la majorité des espèces végétales et animales.

Ne pouvant pas s'enraciner profondément dans le sol, les arbres sont souvent étayés par de puissantes racines aériennes, appelées **racines-contreforts**, qui entourent la base de l'arbre et la renforcent.

Le **sol** n'a pas le temps de s'épaissir et de s'enrichir, car la matière végétale décomposée est très rapidement réutilisée par les autres plantes.

## LA RÉPARTITION DE LA FORÊT ÉQUATORIALE

L'Asie du Sud-Est et les bassins fluviaux de l'Amazone, en Amérique du Sud, et du Congo, en Afrique, soumis au climat tropical humide, sont occupés par de vastes forêts équatoriales.

températures (°C)
précipitations (mm)
J F M A M J J A S O N D
**Singapour**

TROPIQUE DU CANCER

ÉQUATEUR

TROPIQUE DU CAPRICORNE

La **forêt amazonienne**, qui s'étend sur 3 500 000 km², représente 30 % de l'ensemble des forêts équatoriales du monde.

**bassin du Congo**

L'**archipel indonésien** est couvert à 60 % par la forêt équatoriale.

Culminant à plus de 60 m de hauteur, des **arbres émergents** servent de supports à de longues lianes et à divers épiphytes (plantes qui poussent sur un autre végétal).

Les **feuilles**, spécialisées dans la captation de la lumière, sont concentrées au sommet des arbres, exposées à l'ensoleillement.

La forêt équatoriale compte en moyenne plus de 40 **espèces d'arbres** différentes par hectare.

L'étage du **sous-bois** reçoit 100 fois moins de lumière solaire que le sommet de la canopée. L'ombre y est constante et la végétation relativement peu abondante.

Les **épiphytes**, comme certaines plantes de la famille des Broméliacées, poussent sur un autre végétal sans pour autant le parasiter. Elles s'alimentent de l'eau de l'atmosphère humide ou de la pluie, et absorbent les sels minéraux transportés par la pluie.

# Les savanes

## *Le domaine des hautes herbes*

Les savanes sont des formations herbeuses qui couvrent de vastes régions de la zone intertropicale. Elles sont caractérisées par des graminées de grande taille, parmi lesquelles sont dispersés des arbres et des arbustes. On distingue plusieurs types de savanes en fonction de la quantité et de la taille des arbres qu'on y trouve.

### LES PLANTES DE LA SAVANE

Les savanes se développent dans des régions soumises à un climat tropical à deux saisons, l'une humide, l'autre sèche. On y trouve principalement des graminées, dont la plupart possèdent une tige souterraine chargée de réserves nutritives (rhizome), qui leur permet de perdurer enfouies dans le sol pendant la saison sèche. Les arbres de la savane sont généralement de taille modeste, dépassant rarement 15 m de hauteur. Leur écorce est souvent épaisse, leurs feuilles caduques et leur tronc ramifié et tortueux.

L'**acacia** est un petit arbre épineux très résistant à la sécheresse. Sa sève sert à la fabrication de la gomme arabique, un liquide utilisé comme liant dans des préparations alimentaires ou dans des peintures.

L'**arbre à saucisses** (*Kigelia africana*), originaire des savanes arbustives d'Afrique de l'Est, possède de gros fruits bruns et allongés semblables à des saucisses, mais dont la pulpe n'est pas comestible.

Arbres emblématiques de la savane africaine, les **baobabs** stockent de l'eau à l'intérieur de leur tronc pendant la saison sèche.

La famille des Graminées, qui domine les savanes, regroupe près de 12 000 espèces, dont ***Imperata cylindrica***.

### LA SAVANE HERBEUSE

Dépourvue d'arbres, la savane herbeuse est composée de hautes herbes, de 80 cm à plusieurs mètres de hauteur, principalement des graminées.

## LES SAVANES DANS LE MONDE

Les savanes se développent dans des régions chaudes marquées par l'alternance entre une saison sèche et une saison des pluies (Brésil, Amérique centrale, Afrique, Asie du Sud-Est et nord de l'Australie).

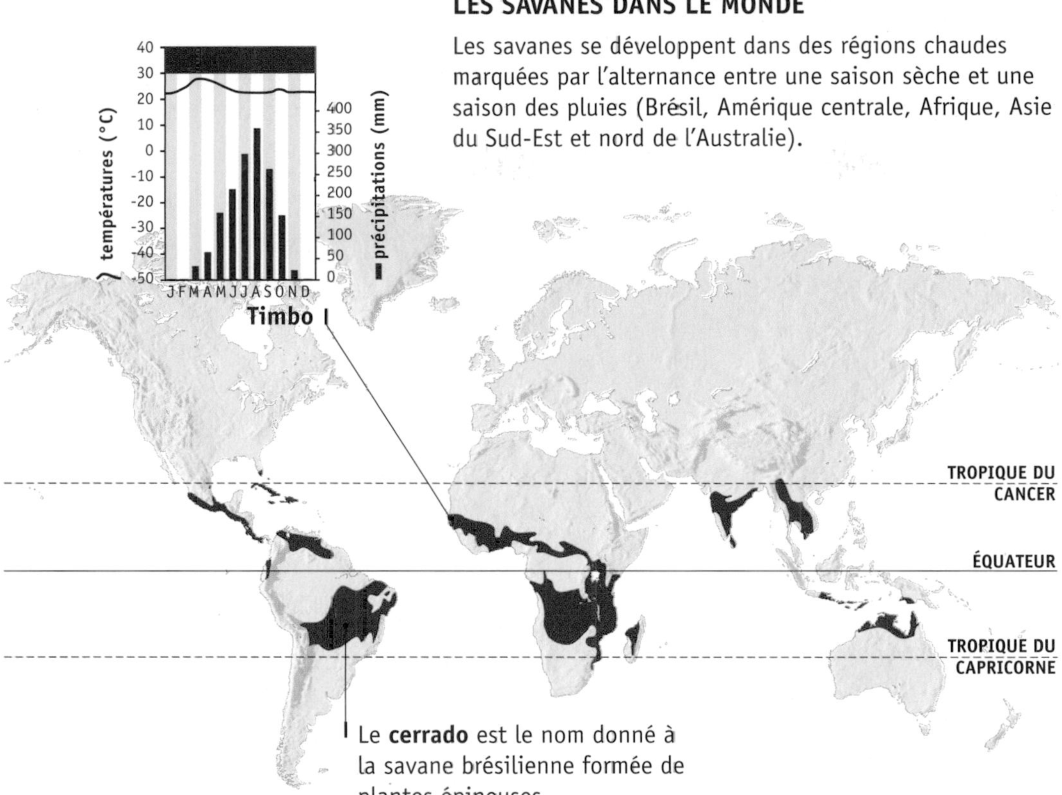
températures (°C)
40
30
20
10
0
-10
-20
-30
-40
-50
précipitations (mm)
400
350
300
250
200
150
100
50
0
J F M A M J J A S O N D
Timbo
TROPIQUE DU CANCER
ÉQUATEUR
TROPIQUE DU CAPRICORNE

Le **cerrado** est le nom donné à la savane brésilienne formée de plantes épineuses.

## LES DIFFÉRENTS TYPES DE SAVANES

Les savanes sont des formations végétales intermédiaires entre les forêts équatoriales et les déserts subtropicaux. On distingue trois principaux types de savanes : les savanes herbeuse, arbustive et arborée.

### LA SAVANE ARBORÉE

La savane arborée est située aux abords de la forêt équatoriale. Elle comprend des arbres plus nombreux et plus grands, comme le baobab.

### LA SAVANE ARBUSTIVE

Dans la savane arbustive, quelques végétaux ligneux côtoient les hautes herbes. Ce sont des arbustes, isolés ou groupés en fourrés, et de petits arbres comme l'acacia.

# Les forêts tempérées

*Des feuillus et des conifères*

Les régions tempérées sont marquées par la succession de quatre saisons bien distinctes. En été, les plantes bénéficient de conditions favorables à leur croissance, tandis qu'en hiver, elles entrent dans un état de vie ralentie par manque d'eau et de lumière. Les arbres à feuilles caduques et les conifères, qui résistent bien à ces conditions climatiques, composent la forêt tempérée. Comme le climat des latitudes moyennes est très nuancé d'une région à l'autre, notamment à cause du relief ou des courants océaniques, on distingue plusieurs types de forêts tempérées, selon la proportion de conifères qu'on y trouve.

## LES TYPES DE FORÊTS TEMPÉRÉES

### LA FORÊT DE FEUILLUS

La forêt de feuillus, ou forêt tempérée au sens strict, est dominée par les arbres à feuilles caduques. Elle se développe dans les régions où l'été est chaud et où l'hiver est relativement froid. Sous les branches de grands arbres, comme des chênes et des hêtres, le couvert végétal du sous-bois est généralement dense, constitué de plantes herbacées de quelques dizaines de centimètres de hauteur. Ce sont principalement des herbes vivaces, c'est-à-dire capables de survivre d'une année à l'autre grâce à des réserves nutritives souterraines (bulbes ou rhizomes).

### LA FORÊT BORÉALE

Aussi appelée taïga, la forêt boréale est une forêt de conifères. Elle recouvre une grande partie de l'Amérique du Nord, le nord de l'Europe et de l'Asie et de nombreuses régions montagneuses. L'hiver y est généralement froid et un manteau neigeux recouvre le sol pendant une grande partie de l'année. Très peu d'espèces d'arbres sont capables de résister à de telles conditions. La forêt boréale est donc une forêt très uniforme, composée d'épicéas (épinette), de mélèzes et de sapins.

### LA FORÊT MIXTE

Composée d'arbres à feuilles caduques, comme des bouleaux et des saules, et de conifères, elle constitue une zone de transition entre la forêt de feuillus et la forêt boréale.

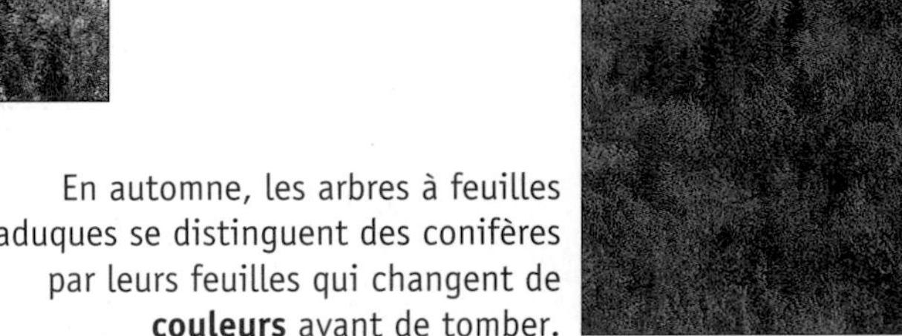

En automne, les arbres à feuilles caduques se distinguent des conifères par leurs feuilles qui changent de **couleurs** avant de tomber.

## LA RÉPARTITION DES FORÊTS TEMPÉRÉES DANS LE MONDE

La plupart des forêts tempérées se trouvent dans l'hémisphère Nord.

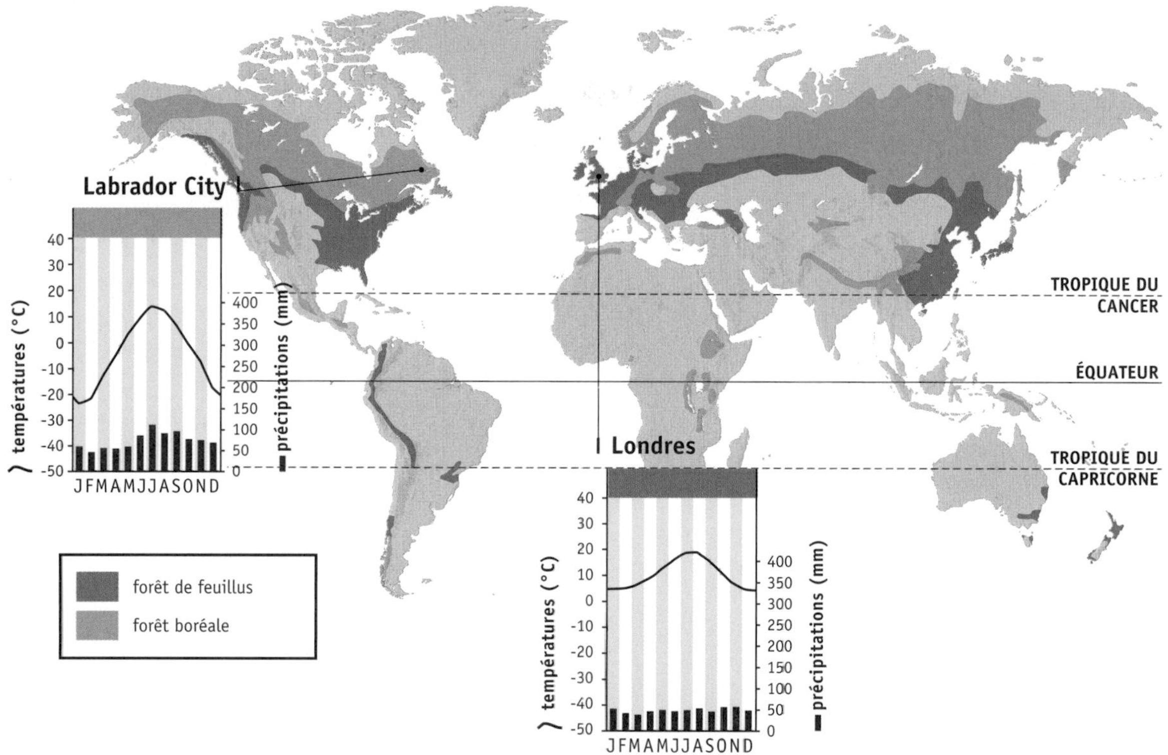

Labrador City
températures (°C)
précipitations (mm)
JFMAMJJASOND
TROPIQUE DU CANCER
ÉQUATEUR
TROPIQUE DU CAPRICORNE
Londres
forêt de feuillus
forêt boréale


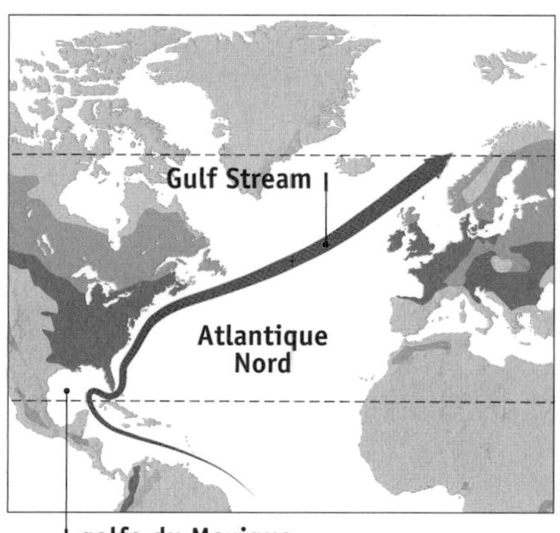

Gulf Stream
Atlantique Nord
golfe du Mexique


## L'INFLUENCE OCÉANIQUE

Les arbres à feuilles caduques cèdent la place aux conifères à mesure qu'on s'approche du pôle Nord. Cette répartition des forêts tempérées selon la latitude est nuancée par l'influence des courants océaniques, comme le Gulf Stream. Le Gulf Stream est un courant chaud venu du golfe du Mexique. Après avoir baigné les côtes américaines, il traverse l'Atlantique Nord en réchauffant les masses d'air froid arctique qu'il rencontre. Le Gulf Stream est largement responsable de la différence de climat, et par conséquent de végétation, entre l'Amérique du Nord, où seuls des conifères résistent à l'influence du froid polaire, et l'Europe occidentale, où le temps doux et humide permet une plus grande diversité d'espèces végétales.

## L'ÉTAGEMENT DES FORMATIONS VÉGÉTALES SELON L'ALTITUDE

Le type de végétation varie selon la température et la pluviosité, paramètres qui dépendent de la latitude, mais aussi de l'altitude. En gravissant une montagne, on traverse la même succession de formations végétales qu'en se déplaçant des tropiques vers les pôles.

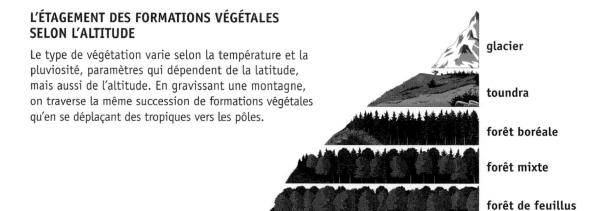

glacier
toundra
forêt boréale
forêt mixte
forêt de feuillus

# Les plantes succulentes

## *Des plantes adaptées aux milieux secs*



Soumises au manque d'eau et à des facteurs aggravants comme de très hautes températures ou des vents desséchants, les plantes des milieux secs présentent diverses adaptations à leur environnement. Elles disposent généralement d'organes gorgés d'eau, appelés organes succulents, qui leur permettent de faire face à l'aridité. Les plantes qui possèdent de telles réserves d'eau sont appelées plantes succulentes.

### L'EAU, UNE RESSOURCE PRÉCIEUSE

De très nombreuses familles de plantes comptent des succulentes dans leurs rangs. Cependant, les Cactées sont les plantes succulentes par excellence. On dénombre environ 2 000 espèces de cactus, originaires pour la plupart d'Amérique du Nord et du Sud. Certains cactus peuvent emmagasiner près de 3 000 litres d'eau dans leur tige, ce qui leur permet de survivre entre deux averses, soit parfois pendant plusieurs années. Les feuilles des plantes succulentes sont généralement de petites dimensions, ce qui limite l'évaporation de l'eau. Bien souvent, les bourgeons foliaires ne se développent pas et restent réduits à l'état d'épines. Lorsque les feuilles sont très réduites, la photosynthèse, mécanisme grâce auquel la plante fabrique sa nourriture, est assurée par la tige elle-même.

Le **coussin de belle-mère** fait partie des cactus, ou Cactées, une famille de plantes à tige succulente.

La **tige chlorophyllienne** possède de la chlorophylle, un pigment qui permet de capter l'énergie lumineuse et de réaliser la photosynthèse.

La transformation des feuilles en **épines** permet de limiter les pertes d'eau.

## DES PLANTES TOUT EN RONDEURS

Les plantes des milieux arides présentent souvent des formes arrondies et ressemblent à des chandeliers (saguaro géant), à des raquettes (figuier de Barbarie) ou à des tonneaux (coussin de belle-mère). Cette géométrie a l'avantage d'offrir un grand volume interne tout en minimisant la surface d'échange avec l'air sec extérieur. Les cannelures qui ornent la tige, quant à elles, permettent d'abriter la plante un tant soit peu des rayons du soleil.

Les raquettes que forme la tige du **figuier de Barbarie**, cactus originaire d'Amérique tropicale, sont comestibles. Elles se mangent crues ou se cuisinent comme un légume.

Le duvet blanchâtre qui recouvre les feuilles succulentes de la **kalanchœ tomenteuse** isole la plante contre la chaleur excessive.

Contrairement aux apparences, l'**euphorbe résinifère** ne fait pas partie de la famille des Cactées. Soumise aux mêmes contraintes environnementales, elle a cependant évolué de façon semblable à un cactus.

Le **saguaro géant** est un des plus grands représentants de la famille des Cactées. Il peut mesurer jusqu'à 12 m de hauteur.

COUPE D'UN CACTUS COUSSIN DE BELLE-MÈRE

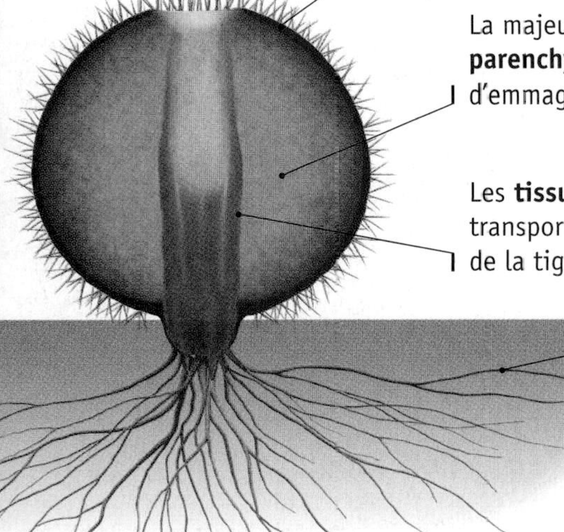

La **cuticule cireuse** forme un revêtement étanche qui imperméabilise la tige et parfois les feuilles.

La majeure partie de la tige est constituée de **parenchyme aquifère**, un tissu permettant d'emmagasiner de grandes quantités d'eau.

Les **tissus conducteurs**, spécialisés dans le transport de la sève, sont disposés au centre de la tige.

De longues racines déployées juste sous la surface du sol, appelées **racines traçantes**, permettent de collecter, sur une vaste étendue, la moindre trace d'humidité (eau de pluie, rosée, brouillard). Ce type de racine est fréquent chez les plantes des milieux les plus arides.

# Les plantes aquatiques

## *Des plantes capables d'emmagasiner l'air*

Les plantes aquatiques vivent partiellement ou totalement immergées dans l'eau. Les parties immergées sont généralement dépourvues de revêtement imperméable, ce qui permet l'absorption directe de l'eau et des nutriments qu'elle contient. L'oxygène et le gaz carbonique sont en revanche des ressources plus difficiles à obtenir, car ce sont des gaz peu solubles dans l'eau. Pour pallier la rareté de ces gaz, les plantes aquatiques renferment dans leurs tissus des réserves d'air qui facilitent les échanges gazeux et assurent la flottabilité.

### LE NYMPHÉA

Le nymphéa n'est que partiellement immergé. Ses grandes feuilles arrondies, de 25 cm de diamètre environ, s'étalent à la surface de l'eau. Leur face supérieure est recouverte d'une cuticule cireuse sur laquelle l'eau ruisselle sans perturber l'aération de la feuille. Les fleurs aussi sont aériennes. Elles possèdent plusieurs dizaines de pétales colorés et, chez certaines espèces, elles sécrètent un nectar très parfumé. Elles assurent la reproduction sexuée du nymphéa. Une fois fécondées, elles libèrent des graines directement dans l'eau. Transportées par les courants ou par les animaux de l'écosystème aquatique, comme les canards, les graines germent dans l'eau et donnent naissance à un nouvel individu. Le nymphéa se reproduit aussi efficacement par multiplication végétative : de nouvelles pousses apparaissent régulièrement sur son rhizome.

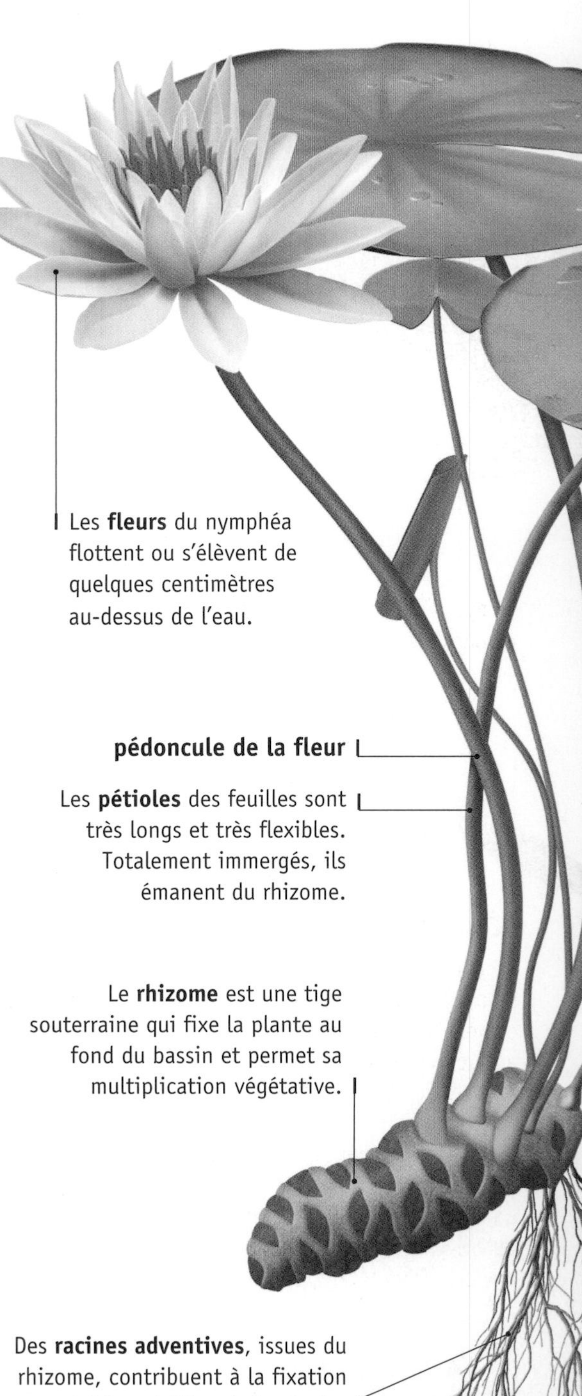
Les **fleurs** du nymphéa flottent ou s'élèvent de quelques centimètres au-dessus de l'eau.
**pédoncule de la fleur**
Les **pétioles** des feuilles sont très longs et très flexibles. Totalement immergés, ils émanent du rhizome.
Le **rhizome** est une tige souterraine qui fixe la plante au fond du bassin et permet sa multiplication végétative.
Des **racines adventives**, issues du rhizome, contribuent à la fixation et à la nutrition de la plante.

Le rhizome du **nymphéa** s'enracine dans la vase sous 1 m d'eau en moyenne.

La face supérieure de la feuille de nymphéa est recouverte d'une cuticule imperméable. Elle est ponctuée de minuscules pores, les **stomates**, qui permettent les échanges gazeux avec l'atmosphère.

Les **sclérites** sont des cellules épineuses dont la paroi rigidifiée assure un léger soutien de la feuille sans pénaliser sa flottaison.

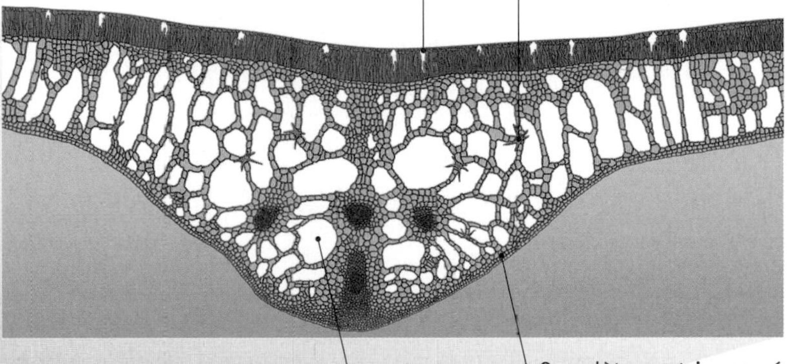

Complètement immergée, la **face inférieure** de la feuille est dépourvue de stomates.

Des espaces remplis d'air, appelés **lacunes**, facilitent l'approvisionnement de la plante en oxygène et en gaz carbonique.

Chez le nymphéa, comme chez de nombreuses plantes aquatiques, les **feuilles** sont émergées.

Le **nymphéa** vit en eau douce, dans les étangs, les lacs ou dans les rivières à faible courant.

**jeune feuille**

## L'ÉLODÉE

L'élodée du Canada est une plante aquatique entièrement immergée. Ses longues tiges portent de nombreuses feuilles ovales. Flexibles, elles sont capables de ployer ou de s'étirer au gré des courants. L'élodée vit dans les milieux aquatiques ou dans les marais et elle est cultivée dans les aquariums. Très envahissante, elle tend à supplanter les autres espèces du bassin dans lequel elle pousse. Elle est cependant très utile en aquarium parce qu'elle assure l'oxygénation de l'eau en libérant de l'oxygène lors de la photosynthèse et parce qu'elle empêche la prolifération des algues qui pourraient troubler l'eau.

L'**élodée du Canada** est une plante fréquemment utilisée dans les aquariums.

# Les aires protégées

## *La conservation des espèces*

Depuis près de deux siècles, l'intensification des activités humaines a gravement accéléré le rythme d'extinction des espèces végétales et animales à la surface du globe. Aujourd'hui, quand une nouvelle espèce apparaît, 1 000 autres s'éteignent. Les aires protégées sont des espaces dans lesquels des mesures plus ou moins strictes sont prises pour préserver la biodiversité. Depuis la création du premier parc national américain, Yellowstone, en 1872, le nombre d'aires protégées a augmenté de manière exponentielle, pour dépasser aujourd'hui 100 000.

### DES MILLIONS DE KILOMÈTRES CARRÉS PROTÉGÉS

Dans les aires protégées, les activités humaines telles que l'abattage des arbres, l'exploitation des rivières et même la promenade sont réglementées afin de préserver les écosystèmes. Certaines aires protégées sont gigantesques : la plus vaste, le Parc national du Groenland, s'étend sur 972 000 km$^2$. Les plus petites, ne dépassant pas 10 km$^2$, sont des terrains privés que leurs propriétaires se sont engagés à préserver.

En 2003, l'Union internationale pour la conservation de la nature (IUCN) recensait 102 102 aires protégées, couvrant plus de 18 millions de km$^2$. Ces aires protégées sont classées en sept catégories (Ia, Ib, II, III, IV, V et VI) selon le degré d'intervention humaine. D'autres sites sont protégés dans le cadre de programmes de l'ONU : ce sont les Réserves de la biosphère et les sites du Patrimoine mondial.

| LES CATÉGORIES D'AIRES PROTÉGÉES | |
|---|---|
| Ia | **Réserves naturelles intégrales**, dédiées à l'étude scientifique d'écosystèmes non altérés par l'homme. |
| Ib | **Zones de nature sauvage**, préservées dans leur strict état naturel. |
| II | **Parcs nationaux**, où des visiteurs sont admis dans le respect des écosystèmes naturels. |
| III | **Monuments naturels**, protégés pour leur caractère unique mais accessibles sans restrictions. |
| IV | **Aires de gestion des habitats ou des espèces**, où l'homme intervient pour maintenir l'équilibre de l'écosystème. |
| V | **Paysages terrestres ou marins protégés**, destinés à conserver des paysages naturels modelés par l'homme au fil du temps. |
| VI | **Aires protégées de ressources naturelles gérées**, exploitées par les populations locales dans une perspective de développement durable. |

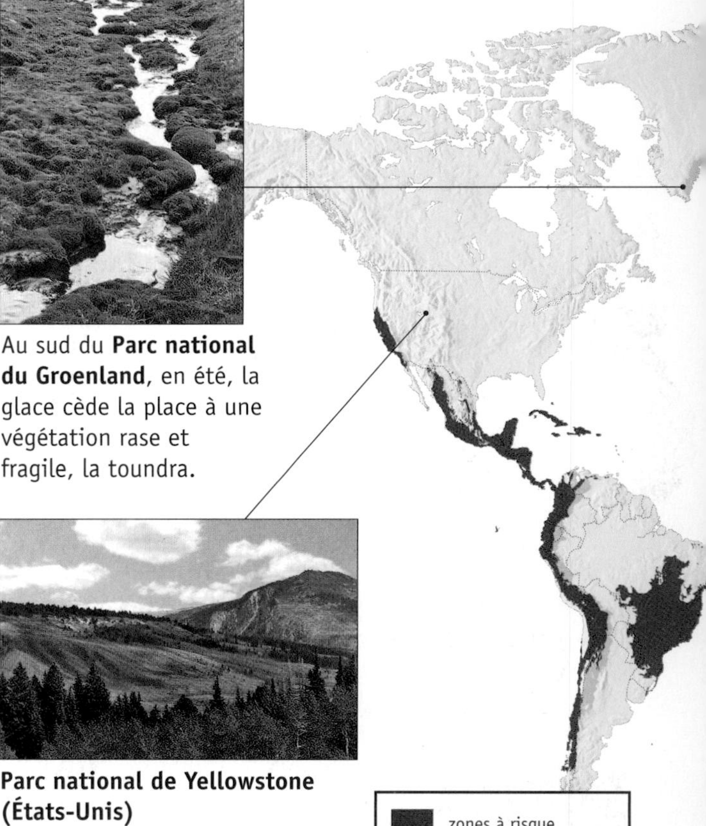
zones à risque

Au sud du **Parc national du Groenland**, en été, la glace cède la place à une végétation rase et fragile, la toundra.

**Parc national de Yellowstone (États-Unis)**

### LES ZONES À RISQUE

Les régions de la zone intertropicale sont celles où les végétaux sont le plus menacés. Si la biodiversité y est élevée, le nombre d'individus d'une espèce donnée est souvent relativement faible. Certaines espèces d'arbres de la forêt équatoriale n'ont qu'un seul représentant par hectare, et sont donc plus vulnérables. D'autre part, de nombreuses plantes tropicales sont endémiques, c'est-à-dire qu'elles ne poussent que dans une région particulière de la planète. La dégradation des écosystèmes tropicaux risque d'entraîner la disparition définitive des espèces endémiques qu'ils abritent.

## LES ESPÈCES MENACÉES D'EXTINCTION

Environ 15 500 espèces, dont plus de 8 300 espèces végétales, sont menacées de disparition à cause de la pollution, de la déforestation, de l'agriculture intensive, de l'urbanisation ou encore de l'exploitation minière. La plupart des végétaux menacés sont des plantes à fleurs, puisque c'est le groupe qui comprend le plus d'espèces. Mais les mousses, les lichens, les fougères et les conifères sont aussi touchés, proportionnellement au nombre d'espèces qu'ils regroupent.

L'**arbre concombre** est un arbre qu'on ne trouve qu'au Yémen. Bien qu'adapté aux régions arides, il est décimé lors des périodes de sécheresse, car il est alors coupé pour servir de nourriture au bétail.

***Impatiens letouzeyi***, une plante découverte au Cameroun au cours des années 1970, est menacée de disparaître à cause de la construction d'un réservoir qui pourrait inonder son habitat naturel.

Affecté par la pollution de l'air, l'**érioderme boréal** a complètement disparu de Norvège et de Suède, et il ne subsiste plus que dans l'est du Canada. La disparition complète de ce lichen semble aujourd'hui inévitable.

Le **ginkgo** est le seul survivant d'une famille de plantes apparue il y a plus de 150 millions d'années. Cultivé depuis des siècles, il n'existe plus à l'état sauvage qu'en Chine.

La région semi-désertique d'Uluru, en Australie, est protégée à titre de **Réserve de la biosphère**. Environ 350 personnes peuplent la réserve, mais 500 000 la visitent chaque année. Il existe plus de 440 Réserves de la biosphère dans le monde, où l'homme tente de concilier la préservation et l'exploitation de la nature.

L'écosystème environnant les chutes Victoria, au Zimbabwe, est classé **Monument naturel**.

La flore et la faune exceptionnelles de la région de Ngorongoro, en Tanzanie, sont inscrites au **Patrimoine mondial**.

Crus, cuits, séchés, infusés ou fermentés, en purée, en soupe ou en salade… Apprêtés de mille et une façons, les végétaux font partie de l'alimentation humaine depuis des millénaires. Répandues grâce au développement de l'agriculture, il y a environ 12 000 ans, les céréales sont aujourd'hui les aliments les plus consommés partout dans le monde. Les fruits, les graines, les tiges, les feuilles et les racines de plantes très diverses font aussi partie de notre menu, agrémentés d'une grande variété d'épices, d'huiles et d'extraits végétaux en tous genres.

# Les plantes alimentaires


98 **Les légumes**
*Les plantes potagères*

103 **Les fruits**
*Des aliments sucrés riches en vitamines*

106 **Les céréales**
*À la base de l'alimentation humaine*

108 **Algues et champignons comestibles**
*Des textures et des saveurs variées*

109 **Les herbes et les épices**
*Des plantes pour tous les goûts*

110 **Les ingrédients d'origine végétale**
*Des extraits végétaux savoureux*

112 **Les boissons**
*Infusions et alcools*

# Les légumes

## *Les plantes potagères*



Les légumes sont des végétaux utilisés comme aliments. Un façon simple de classifier les légumes consiste à les regrouper selon la partie de la plante qui est consommée. Certains organes de réserves nutritives des plantes sont utilisés comme légumes : les légumes bulbes, comme l'ail, entrent dans l'assaisonnement des plats, et les légumes tubercules, dont la pomme de terre, sont parmi les aliments les plus consommés dans le monde. Les tiges, les feuilles et les racines, qui forment l'appareil végétatif des plantes, constituent aussi des aliments très nutritifs. Les légumes fleurs les plus courants sont en fait des inflorescences, comme le chou-fleur. Les légumes fruits sont nombreux et présentent des formes et des consistances variées.

### LES LÉGUMES FRUITS

Les légumes fruits sont aussi bien des fruits charnus, comme la tomate, que des fruits secs, comme le haricot vert. Le goût des légumes fruits est généralement peu sucré. Les fruits sucrés des plantes constituent une autre catégorie d'aliments : les fruits.

graine

Il existe des dizaines d'espèces de **poivrons**. Les poivrons verts sont cueillis avant pleine maturité et deviennent rouges en mûrissant.

pépin

La **tomate** est un fruit charnu qui renferme de nombreuses graines (pépins). Originaire d'Amérique centrale, elle est aujourd'hui l'un des ingrédients les plus universels.

La gousse de **haricot** est cueillie verte, avant maturité, et sert généralement de légume d'accompagnement.

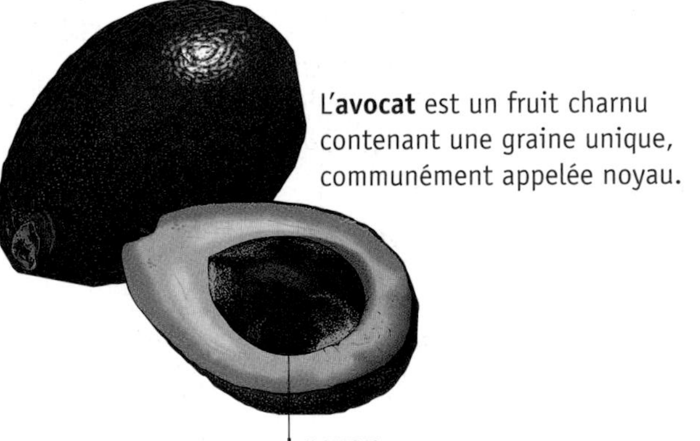
noyau

L'**avocat** est un fruit charnu contenant une graine unique, communément appelée noyau.

Le **concombre** est un fruit très rafraîchissant du fait de sa forte teneur en eau. Les variétés européennes sont longues, tandis que les variétés américaines sont plus trapues.

concombre européen
concombre américain

## LES LÉGUMES TIGES

Les tiges sont consommées avec ou sans les feuilles qu'elles portent. Les légumes tiges sont bien souvent cuits, car ils sont trop fermes pour être mangés crus.

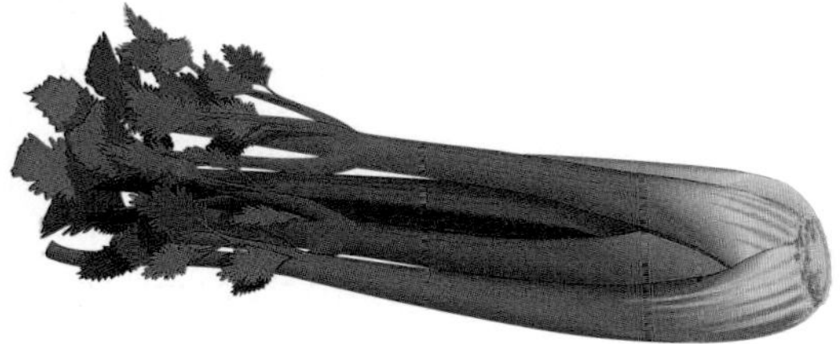

Les tiges et les feuilles du **céleri** sont consommées tout comme sa racine (céleri-rave).

L'**asperge** est cueillie au printemps lorsqu'elle est jeune, tendre et charnue.

On consomme les pousses de **bambou** en Asie depuis des milliers d'années, ainsi que les feuilles, le cœur et le liquide sucré qui s'écoule des tiges entaillées.



## LES LÉGUMES FEUILLES

Les légumes feuilles sont habituellement verts, car ils contiennent un pigment vert, la chlorophylle. Il existe une très grande diversité de légumes feuilles, des plus surprenants, comme les feuilles d'ortie, au plus commun, comme le chou.

Il existe plus de 100 variétés de **laitues**, comme la laitue beurre, aux feuilles larges et tendres.

Le **chou** fait partie de la même famille de plantes que le brocoli, le chou de Bruxelles, le chou-rave ou encore le chou-fleur.

Les feuilles d'**ortie** perdent leur caractère irritant dès qu'elles sont cuisinées, le plus souvent en soupe.

L'**épinard** cru est une excellente source d'acide folique, de vitamine A, de potassium et de magnésium.

## LES LÉGUMES RACINES

Les légumes racines sont des racines gonflées de réserves nutritives accumulées par la plante. Ils sont consommés crus, râpés, mijotés ou réduits en purée.

La **betterave**, très riche en sucre, peut être mangée crue ou cuite.

Les **radis** rouges sont généralement moins piquants que les noirs et leurs feuilles sont comestibles.

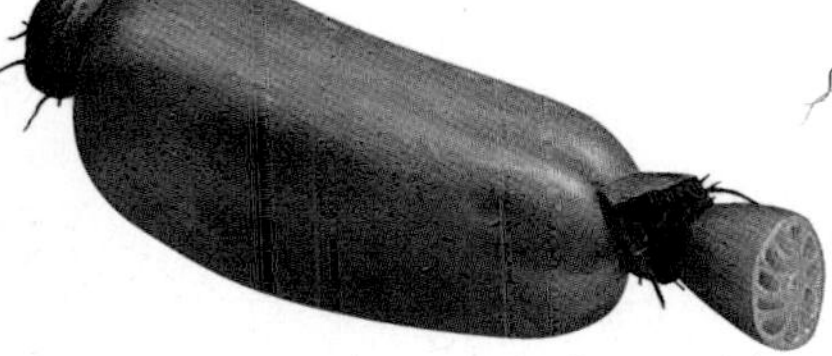

Le **lotus** est une plante asiatique cultivée depuis 3 000 ans. Il possède une racine croquante dont la chair est blanche et légèrement sucrée.

Les possibilités d'utilisation de la **carotte** sont presque illimitées, du hors-d'œuvre au dessert.

## LES LÉGUMES FLEURS

Les fleurs comestibles sont depuis longtemps utilisées pour agrémenter des plats. Les plus connues sont les capucines et les pensées. Elles sont commercialisées dans certains marchés spécialisés seulement. Les légumes fleurs les plus courants, comme le chou-fleur et l'artichaut, sont en fait constitués d'inflorescences.

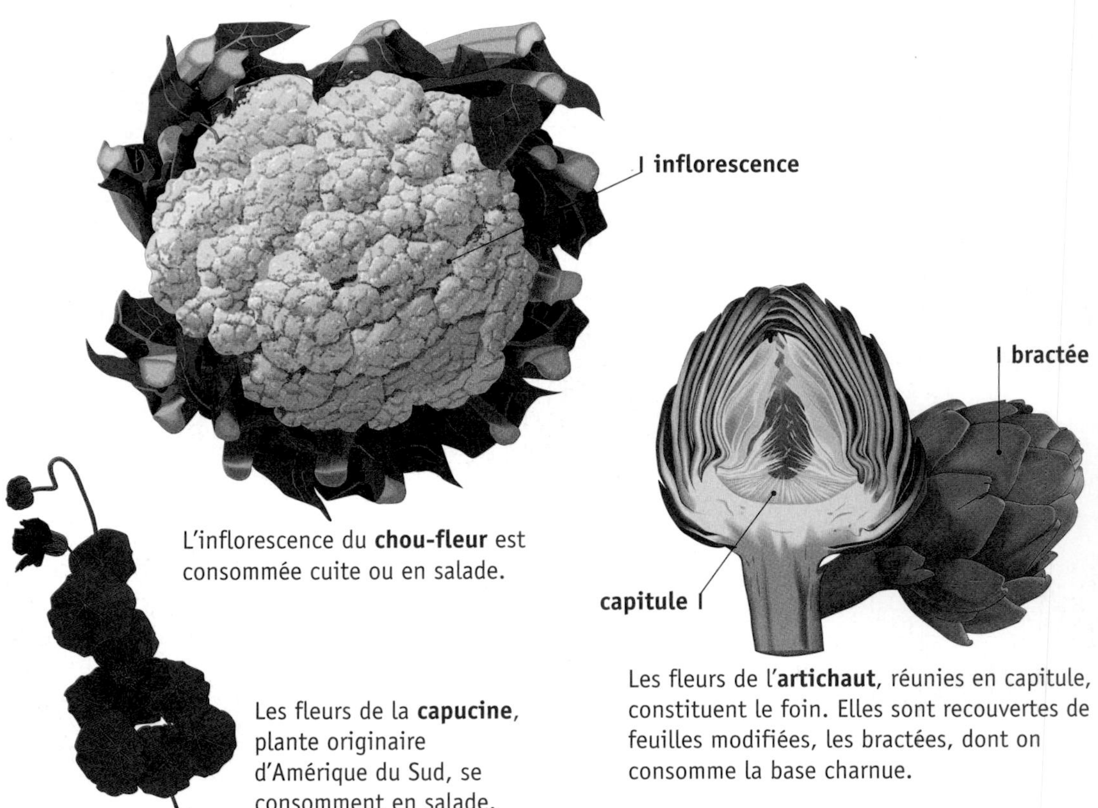
inflorescence
bractée
capitule

L'inflorescence du **chou-fleur** est consommée cuite ou en salade.

Les fleurs de l'**artichaut**, réunies en capitule, constituent le foin. Elles sont recouvertes de feuilles modifiées, les bractées, dont on consomme la base charnue.

Les fleurs de la **capucine**, plante originaire d'Amérique du Sud, se consomment en salade.

## LES LÉGUMES BULBES

Les légumes bulbes sont généralement des bulbes feuillés, c'est-à-dire formés par la superposition de feuilles modifiées gonflées de réserves nutritives. Ce sont pour la plupart des plantes du genre *Allium*, qui regroupe le poireau ainsi que plusieurs variétés d'ail et d'oignon.

Largement utilisé comme condiment, autant cuit que cru, l'**oignon** est aussi l'élément essentiel de la soupe à l'oignon.

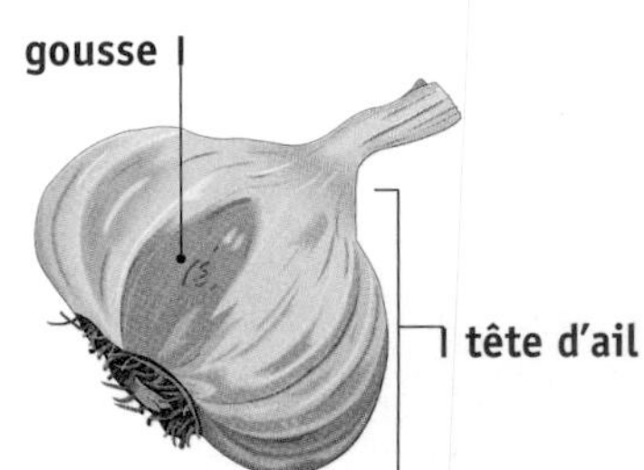
gousse
tête d'ail

L'**ail** est l'une des plus anciennes plantes cultivées, soit depuis plus de 5 000 ans. Le bulbe ou « tête d'ail » est formé de caïeux nommés gousses.

La partie blanche (souterraine) du **poireau** est la plus appréciée, mais la verte (aérienne) parfume potages et plats mijotés.

## LES LÉGUMES TUBERCULES

Les réserves nutritives accumulées dans les tubercules sont le plus souvent des sucres, généralement sous forme d'amidon. Les légumes tubercules se conservent facilement pendant plusieurs mois. Ce sont des aliments de base dans bien des régions du monde, en particulier la pomme de terre, légume le plus consommé sur la planète.

La **pomme de terre** est le plus connu des tubercules. Cuite à la vapeur, frite ou en purée, elle est généralement servie en légume d'accompagnement. Il existe de très nombreuses variétés de pommes de terre. La qualité de la chair détermine le mode de cuisson : la Russet, par exemple, possède une chair farineuse idéale pour la friture.

**Marfona blanche**

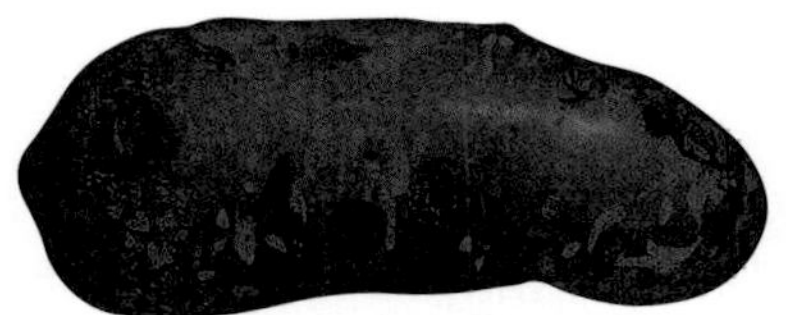

**All blue**

Les **pommes de terre nouvelles** sont des pommes de terre fraîchement récoltées. Leur peau fine peut être consommée.

**Russet**

**Desiree rouge**

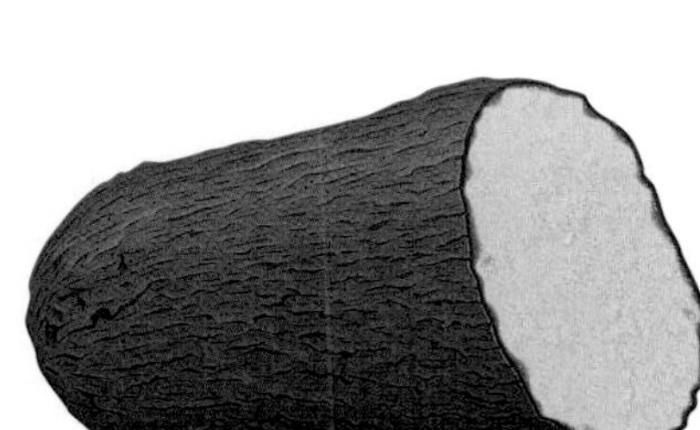

Aliment de base dans plusieurs pays, notamment en Amérique du Sud et dans les Antilles, l'**igname** se consomme cuite et apprêtée comme la pomme de terre.

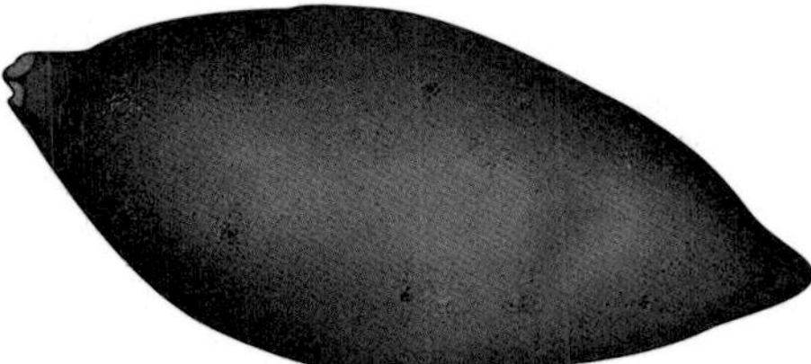

Plus sucrée que la pomme de terre, la **patate douce** n'y est pas apparentée. La cuisine créole en fait grand usage.

La variété douce du **manioc** est consommée comme la pomme de terre, alors que la variété amère permet d'obtenir le tapioca.

Surtout apprécié en Asie, d'où il est originaire, le **crosne** est peu consommé ailleurs.

## LES LÉGUMINEUSES

En botanique, le terme « légumineuse » désigne une famille de plantes dont le fruit est une gousse. Leurs graines constituent la catégorie alimentaire des légumineuses, ou légumes secs, qui comprend notamment les haricots, les lentilles, les fèves, les sojas et les arachides.

Très nourrissantes, les légumineuses sont consommées sous forme de graines fraîches, séchées, germées, ou encore réduites en purée. Les légumineuses occupent une place importante dans l'alimentation de plusieurs peuples, notamment en Afrique du Nord, en Amérique latine et en Asie. Les protéines des légumineuses diffèrent des protéines de la viande, car elles contiennent des quantités moindres de certains acides aminés (composants de base des protéines). La plupart des légumineuses sont d'excellentes sources de fer et de magnésium et constituent une source très élevée de fibres alimentaires.

Les graines fraîches ou séchées du **haricot d'Espagne** se préparent comme celles du haricot rouge.

Le **haricot rouge** est l'un des plus connus. Il entre dans la composition du chili con carne, d'origine mexicaine. Comme il garde bien sa forme, on le met souvent en conserve.

Le **haricot mungo** à grains noirs est très apprécié en Asie, où il est à la base d'une sauce noire bien connue. En Inde, on l'utilise avec du riz pour préparer une galette et une purée épicée.

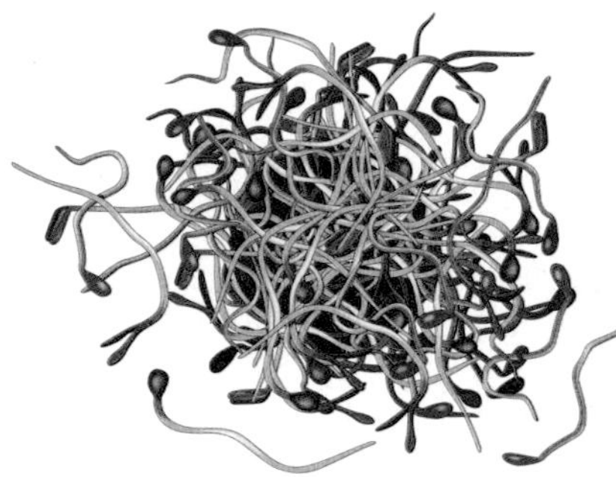

Les graines de **luzerne** germées peuvent être ajoutées crues aux salades et sandwichs.

Les graines d'**arachide** (ou cacahuètes) sont servies en amuse-gueule ou sont consommées transformées en beurre ou en huile.

Les **lentilles** sont souvent consommées en soupe. En Inde, elles sont fréquemment associées au riz.

La graine de **soja** est utilisée cuite ou germée comme les autres légumineuses. On en extrait un liquide, surnommé lait de soja, qui est utilisé notamment pour faire le tofu, une pâte riche en protéines.

Les **germes de soja** proviennent des graines non pas du soja, mais du haricot mungo.

**graines de soja**

**lait de soja**

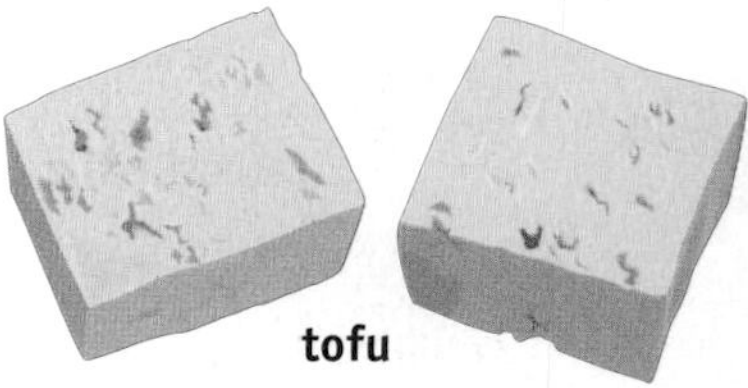

**tofu**

# Les fruits

## *Des aliments sucrés riches en vitamines*



Généralement sucrés, les fruits sont consommés surtout au petit déjeuner, en collation ou au dessert. Ils sont aussi très utilisés en pâtisserie et en confiserie. Les fruits sont généralement riches en eau, en vitamines (A, B6, C...) et en minéraux (calcium, fer, magnésium...). Manger un fruit frais avec sa peau permet d'en retirer le maximum de vitamines, de fibres et de minéraux.

### QU'EST-CE QU'UN FRUIT ?

La terminologie utilisée dans le langage courant pour classer les fruits est différente de celle utilisée en botanique. Pour les botanistes, le fruit est l'organe de la plante qui contient les graines. Selon cette définition, la tomate est un fruit au même titre que la pomme. Dans le langage courant, cependant, on distingue deux classes d'aliments : les légumes fruits et les fruits, plus sucrés. Parmi ces derniers, on parle de baie pour désigner des petits fruits qui ne sont pas toujours de véritables baies, comme la fraise, qui est en fait composée de fruits secs. Enfin, les aliments communément appelés fruits secs sont des fruits charnus à enveloppe rigidifiée, comme la noix, ou des graines.

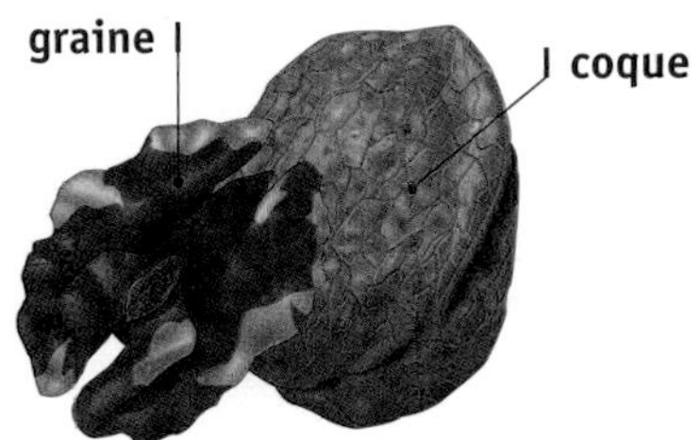
graine
coque

La **noix** est une drupe, c'est-à-dire un fruit charnu à enveloppe rigidifiée (coque) dont on consomme la graine. Elle sert d'amuse-gueule ou est ajoutée à divers desserts, salades, sauces ou plats principaux.

réceptacle
akène

La **fraise** est un petit fruit composé de nombreux akènes (fruits secs) disposés sur un réceptacle charnu. Elle s'utilise crue ou cuite, la plupart du temps dans les desserts.

### LES « FRUITS SECS »

Souvent appelés noix, ces fruits possèdent généralement une enveloppe dure et sèche, la coque, qui renferme une graine comestible.

L'**amande** sert à préparer une pâte, des friandises (nougat, praline) et une essence qui parfume l'amaretto et divers aliments.

Souvent servie en amuse-gueule, la **noix du Brésil** est aussi utilisée en confiserie, enrobée de chocolat. Elle remplace la noix de coco dans certaines préparations.

### LES PETITS FRUITS

Les petits fruits sont le plus souvent de petits fruits charnus qui contiennent une ou plusieurs graines, généralement comestibles.

Fruit d'une ronce de la famille du framboisier, la **mûre** est un fruit fragile. Elle se mange fraîche ou en confiture.

Fruit de la vigne, le **raisin** est apprécié partout dans le monde, qu'il soit nature, cuit, sec ou en jus. Il sert à produire le vin.

*Les fruits*

## LES FRUITS À NOYAU

La chair de ces fruits, plus ou moins juteuse, entoure un noyau dur, généralement non comestible.

Essentielle dans le gâteau forêt-noire et, confite, dans le gâteau aux fruits, la **cerise** est aussi consommée fraîche.

Très riche en sucre, la **datte** est souvent vendue déshydratée. Elle est surtout incorporée dans des desserts.

## LES FRUITS À PÉPINS

Leur chair recouvre une partie centrale non comestible, le cœur, qui renferme un certain nombre de graines appelées pépins.

Appelée aussi « melon d'eau » en raison de sa teneur en eau très élevée, la **pastèque** se mange le plus souvent nature, en tranches.

D'utilisation presque aussi variée que la pomme, la **poire** est cueillie avant maturité pour éviter que sa chair ne soit granuleuse.

## LES AGRUMES

Les agrumes sont les fruits des plantes du genre *Citrus* (hormis de rares exceptions comme le kumquat, qui appartient au genre *Fortunella*). Ce sont des fruits composés de plusieurs quartiers et recouverts d'une écorce dont la couche extérieure est appelée zeste. Plutôt acides, de couleurs vives, les agrumes sont riches en vitamine C. Les agrumes sont cultivés dans des régions chaudes et ensoleillées, notamment au Brésil, dans le sud des États-Unis et sur le littoral méditerranéen. Ils comptent parmi les fruits les plus consommés au monde.

zeste
quartier

Massivement commercialisée, l'**orange** est souvent consommée nature ou en jus. On en tire de l'essence alimentaire et une huile essentielle.

Le **pomelo rose** est plus sucré et moins amer que le pomelo blanc, dont la chair est jaune. Il est souvent coupé en deux et consommé nature, à la cuillère.

Très acide, le **citron** est utilisé notamment pour parfumer diverses préparations et aviver la saveur des aliments. C'est aussi l'ingrédient de base de la limonade.

Très parfumée, la **lime** s'utilise comme le citron. Elle est un ingrédient essentiel du ceviche, un plat de poisson cru mariné.

Petit agrume de 2 à 5 cm de longueur, le **kumquat** peut être mangé tel quel, avec son écorce tendre et sucrée.

## LES FRUITS TROPICAUX

Les fruits tropicaux forment un groupe très hétérogène. Ils sont généralement cultivés dans les régions chaudes de la zone intertropicale. Certains sont devenus courants dans les pays occidentaux, comme la banane et le kiwi, tandis que d'autres, comme le tamarillo, sont principalement consommés là où ils sont produits.

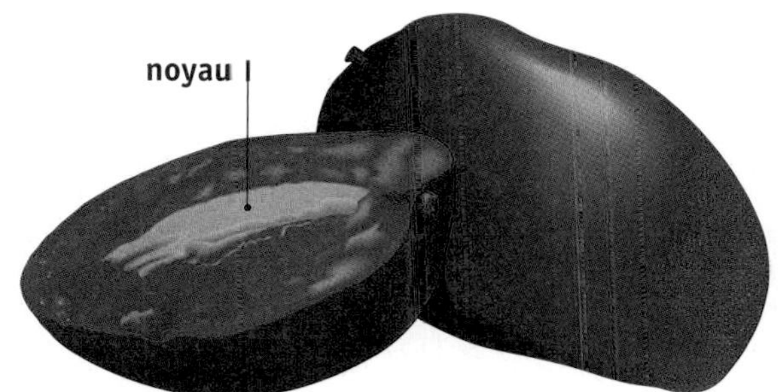
noyau

La **mangue** est un fruit à noyau qui se consomme de préférence sans la peau, irritante pour la bouche.

Une fois débarrassé de son écorce, l'**ananas** est consommé nature, cuit ou en jus.

Le **tamarillo** se mange cru s'il est très mûr, sinon on le cuit souvent comme un légume. La chair de ce fruit originaire d'Amérique du Sud est ferme et acidulée.

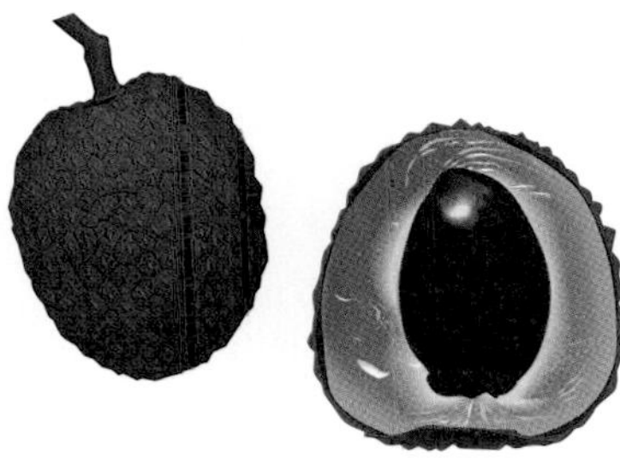

Recouvert d'une enveloppe rougeâtre, le **litchi** possède une chair translucide, juteuse et très sucrée. Dans la cuisine chinoise, il est associé à la viande et au poisson.

Une fois épluchée, la **banane** est consommée crue, sautée, frite ou flambée au rhum.

# Les céréales

## *À la base de l'alimentation humaine*

Les céréales sont à la base de notre alimentation depuis l'émergence de l'agriculture, 10 000 ans avant notre ère. Chaque continent a eu sa céréale de prédilection : le riz en Extrême-Orient, le blé et l'orge de l'Inde à l'Atlantique, le seigle et l'avoine en Europe occidentale, le maïs en Amérique, le millet et le sorgho en Afrique.

### DES GRAINS RICHES EN RÉSERVES NUTRITIVES

Les céréales sont dans leur grande majorité des plantes de la famille des Graminées, souvent cultivées à grande échelle pour leurs graines farineuses. Ces graines, ou grains, sont composées de 60 à 80 % de glucides (sucres, principalement de l'amidon), de 8 à 15 % de protéines et elles contiennent relativement peu de matières grasses. Elles renferment également des minéraux (fer, phosphore...) et des vitamines, localisées à la périphérie de la graine. Le grain des céréales (caryopse) est constitué d'une enveloppe extérieure, le son, d'un albumen et d'un germe. La structure des grains est relativement semblable d'une céréale à l'autre.

épi de blé

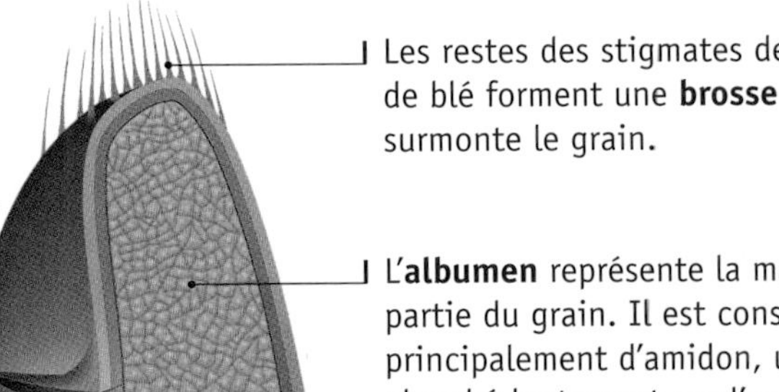
Les grains de céréales sont consommés décortiqués, c'est-à-dire débarrassés de leur **enveloppe extérieure**, indigeste.
Les restes des stigmates de la fleur de blé forment une **brosse** qui surmonte le grain.
L'**albumen** représente la majeure partie du grain. Il est constitué principalement d'amidon, un sucre absorbé lentement par l'organisme et qui produit une impression de satiété. Broyé, l'albumen fournit la farine.
Riche en vitamines et en minéraux, le **son** qui recouvre l'albumen est constitué de plusieurs couches de tissus fibreux, qui jouent un rôle dans la régulation de la digestion.
Le **germe** correspond à l'embryon de la plante. Il est peu volumineux, mais c'est la partie la plus riche en éléments nutritifs.

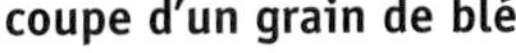

coupe d'un grain de blé

### LES PRINCIPALES CÉRÉALES CONSOMMÉES DANS LE MONDE

Les grains de céréales, utilisés tels quels ou sous forme de produits dérivés, occupent une grande place dans notre alimentation. Ils peuvent accompagner des mets principaux ou être apprêtés avec des légumes, des fruits ou des épices. Moulus ou concassés, ils servent à la fabrication de farines, de semoules ou de fécules. Les céréales les plus consommées dans le monde sont le blé et le riz.

#### LE BLÉ

Un tiers de la population mondiale dépend principalement de la culture du blé. Le blé dur est riche en protéines ; il est utilisé pour la fabrication du pain et des pâtes alimentaires. Le blé tendre sert à la confection de farines à gâteaux.

**farine de blé entier**

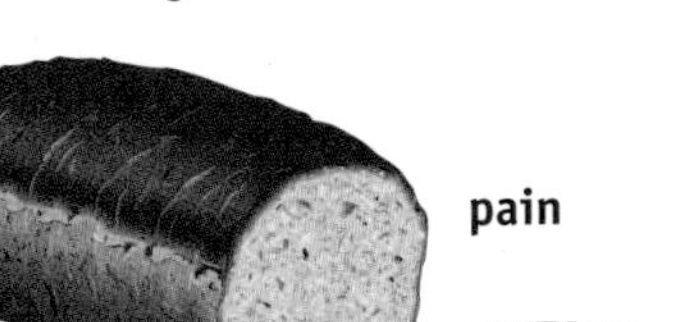

**pain**

**pâtes alimentaires**

## LE MAÏS

Le maïs est une céréale originaire d'Amérique cultivée pour ses grains. On en tire un sirop sucré et une huile alimentaire.

**grains de maïs**

**épi de maïs**

## L'AVOINE

L'avoine est une céréale cultivée pour ses grains, qui sert surtout à l'alimentation des chevaux; elle est également consommée par l'humain, notamment sous forme de flocons.

**grains d'avoine**

Les **flocons d'avoine** sont obtenus à partir de grains décortiqués, cuits et aplatis.

## LE MILLET

Le millet est utilisé comme fourrage ou pour son grain, qui sert notamment à faire des galettes et à nourrir les oiseaux domestiques.

**grains de millet**

## LE RIZ

On compte 8 000 variétés de riz, qui sont regroupées d'après la longueur des grains. Les utilisations du riz sont très variées. La cuisine asiatique en fait grand usage, notamment sous forme de galettes.

**grains de riz**

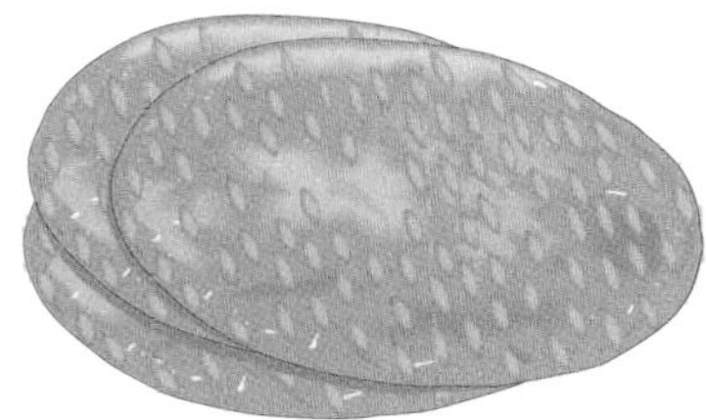

**galettes de riz**

# Algues et champignons comestibles

*Des textures et des saveurs variées*

Il existe environ 25 000 algues, dont seulement 50 environ sont agréables à consommer. Généralement aquatiques, les algues sont parfois appelées « légumes de mer ». Le Japon est le principal producteur, exportateur et consommateur d'algues, ce qui explique qu'on connaisse souvent les algues sous leur nom japonais.

Sur les 100 000 espèces de champignons connues, une vingtaine seulement entre en cuisine. De 1 à 2 % des espèces sont vénéneuses : elles peuvent entraîner divers malaises, voire la mort, et ne doivent pas être consommées. D'autres possèdent simplement une texture ou un goût désagréables.

## LES ALGUES

La texture et la saveur des algues sont très variables. Certaines sont caoutchouteuses, d'autres sont tendres ou croquantes. Elles sont utilisées comme aliment, comme assaisonnement, comme garniture ou comme supplément alimentaire. Les algues contiennent de 40 à 60 % de glucides. Elles sont également une bonne source de minéraux, dont le calcium et l'iode. Certaines algues sont cultivées : des portions de l'algue portant des spores sont mises en cultures sur des tubes de plastique ou des cordes, dans des réservoirs d'eau de mer à température contrôlée ou en pleine mer.

Une fois trempées dans l'eau, les brindilles d'**hijiki** forment des nouilles noires légèrement croustillantes.

Le **nori** est une algue de couleur pourpre, noire quand elle est sèche, utilisée notamment en feuilles minces pour confectionner les sushis.

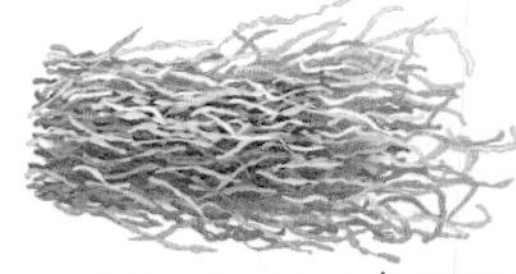

L'**agar-agar** est une substance extraite d'algues rouges qu'on fait fondre pour obtenir une gelée pouvant remplacer la gélatine dans certaines recettes.

La **spiruline** est une algue microscopique riche en protéines, consommée surtout comme supplément alimentaire.

La **laitue de mer** a l'apparence et la saveur des feuilles de laitue.

## LES CHAMPIGNONS

Le groupe des champignons comprend les champignons à pied bien connus, mais aussi des moisissures et des levures utilisées dans la fabrication de fromages, du pain et de la bière, notamment. Plusieurs espèces de champignons sont cultivées, comme le champignon de Paris. La technique consiste à favoriser le développement du mycélium sur du fumier naturel, du fumier synthétique (à base de foin, de paille, d'écorce, de gypse...) ou sur du bois. Certains champignons sont consommés crus, mais la plupart nécessitent une cuisson.

La **collybie à pied velouté**, très appréciée en Asie, est formée d'un minuscule chapeau et d'un long pied.

Le **champignon de Paris**, ou champignon de couche, est le plus cultivé et le plus consommé.

La **truffe** est un champignon souterrain rare et très prisé.

La **morille**, dont le chapeau est orné d'alvéoles, n'est comestible que si elle est bien cuite.

# Les herbes et les épices

## *Des plantes pour tous les goûts*

Les herbes et les épices sont employées pour relever la saveur des aliments depuis des millénaires. Toutes les parties des plantes sont mises à profit. Des graines, des fruits, des tiges ou encore des rhizomes, tels quels ou réduits en poudre, servent ainsi à aromatiser des plats.

### LES FINES HERBES

Les fines herbes sont des plantes herbacées à feuilles vertes des régions tempérées, cultivées couramment dans les potagers. Ces plantes aromatiques sont utilisées fraîches ou séchées, seules ou en mélange. Ce sont le plus souvent les feuilles qui apportent la saveur, comme les feuilles de basilic, de menthe et d'aneth.

Idéal pour relever les tomates et les pâtes alimentaires, le **basilic** constitue aussi l'assaisonnement de base du pistou provençal et du pesto italien.

La **menthe** donne une saveur fraîche à de nombreux mets sucrés ou salés, dont l'agneau. Son huile essentielle aromatise aussi friandises, liqueurs et produits divers.

Aromate très apprécié en Scandinavie, en Russie, en Europe centrale et en Afrique du Nord, l'**aneth** parfume vinaigres, cornichons, ainsi que des poissons.

### LES ÉPICES

Les épices sont des substances aromatiques provenant de plantes qui poussent dans les régions tropicales. Leur saveur est plus ou moins parfumée et piquante. Les épices sont obtenues à partir de graines (poivre, noix de muscade, cumin), de fleurs (clou de girofle, safran), de fruits (piment), de rhizomes (curcuma) ou encore d'écorces (cannelle).

La saveur piquante des **piments** provient de la capsicine qu'ils contiennent. Cette substance fait saliver et elle active la digestion.

La saveur de la **noix de muscade**, qui se marie bien avec les produits laitiers, s'estompe vite une fois la noix moulue. Son enveloppe rouge, le macis, s'utilise aussi comme épice.

La couleur des grains de **poivre** varie selon le stade de mûrissement. Le poivre noir est le plus piquant.

Bouton floral séché du giroflier, le **clou de girofle** est utilisé entier dans des plats mijotés ou moulu dans le pain d'épices.

Épice la plus coûteuse, le **safran** est le stigmate de la fleur de crocus, cueilli à la main et séché. Il est indispensable à la paella et à la bouillabaisse.

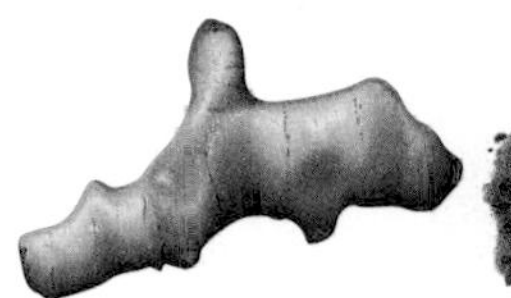

Le **curcuma** est tiré d'un rhizome semblable à celui du gingembre. Il est réduit en poudre après cuisson. Jaune vif, il sert à colorer la moutarde américaine.

Écorce séchée du cannelier, vendue en bâtonnet, en poudre ou en huile essentielle, la **cannelle** est souvent associée aux friandises, aux mets sucrés et aux boissons chaudes.

# Les ingrédients d'origine végétale

## *Des extraits végétaux savoureux*

Les ingrédients d'origine végétale tels que les sucres, les huiles végétales et les farines sont abondamment utilisés dans l'alimentation, non seulement pour leur valeur nutritionnelle et pour leur saveur, mais aussi comme agent de texture, pour épaissir ou lier une préparation par exemple. Le cacao est lui aussi un ingrédient d'origine végétale très utilisé en cuisine, essentiellement dans les desserts et les friandises.

### LES FARINES

Les farines sont obtenues par la mouture de céréales, et parfois d'autres végétaux, comme les pommes de terre. Les caractéristiques de la céréale utilisée déterminent la farine obtenue. Ainsi, la farine de blé tendre est tout indiquée pour la confection de gâteaux, tandis que la farine de blé dur est réservée à la confection de pains et de pâtes.

Formée d'un mélange de blé dur et de blé tendre moulus, la **farine tout usage** est utilisée de façon variée, notamment pour lier les sauces et pour faire le pain et les pâtisseries.

La **farine d'avoine** ne lève pas à la cuisson. On la combine à la farine de blé pour préparer pains et autres aliments levés. Ces produits sont plutôt massifs.

On incorpore la **farine de maïs** aux crêpes, gâteaux, muffins ou pains. Pour obtenir des préparations qui lèvent, on doit la combiner à de la farine de blé.

### LES HUILES VÉGÉTALES

Les huiles végétales sont des corps gras obtenus par pressage de graines (arachide, soja, maïs) ou de fruits (olive). Le plus souvent liquides à température ambiante, les huiles végétales sont utilisées pour cuire, assaisonner, lier ou conserver des aliments. La couleur, la saveur et les propriétés nutritionnelles d'une huile végétale dépendent de la plante dont elle provient.

L'**huile d'arachide**, très résistante à la chaleur et de saveur peu prononcée, convient aussi bien aux fritures qu'aux salades.

L'huile d'olive est extraite de la **pulpe** des olives.

L'**huile d'olive**, typique des cuisines méditerranéennes, contient surtout des acides gras monoinsaturés, des molécules bénéfiques pour la santé quand elles sont consommées avec modération.

Relativement inodore et sans saveur, l'**huile de maïs** est très utilisée en Amérique du Nord, autant pour la cuisson et la friture que comme assaisonnement.

## LES SUCRES

Les sucres sont des substances alimentaires de saveur douce tirées de certains végétaux, comme la canne à sucre ou la betterave sucrière. Ils se présentent sous la forme de cristaux ou de sirops. Le miel entre aussi dans la catégorie des sucres.

La **canne à sucre** est une graminée tropicale cultivée pour ses tiges dont on extrait du sucre brut, par la suite raffiné (débarrassé de ses impuretés).

Le **sirop d'érable** est obtenu par réduction de la sève de l'érable à sucre. On l'utilise pour préparer divers desserts, arroser les crêpes ou encore cuire les œufs et le jambon.

La **mélasse** est un liquide dense et visqueux, résidu du traitement de la canne à sucre pour en extraire le sucre.

La **cassonade** est composée de fins cristaux de sucre peu raffinés qui contiennent encore de la mélasse. Son goût est plus prononcé que celui du sucre blanc.

Le **sucre granulé** est le plus couramment utilisé en cuisine. Il s'agit d'un sucre blanc, c'est-à-dire complètement raffiné, présenté en petits cristaux. Il provient de la canne à sucre ou de la betterave sucrière.

Substance fabriquée par les abeilles à partir du nectar des fleurs, le **miel** possède un pouvoir édulcorant plus élevé que le sucre.

Principalement utilisé dans la cuisine asiatique, le **sucre de palme** provient de la sève de certaines espèces de palmiers ou du jus de la canne à sucre.

## LE CACAO

Le cacao est l'ingrédient de base du chocolat. Il est extrait des fèves du cacaoyer (ou cacaotier). Les fèves sont transformées en une pâte qui est ensuite pressée afin de séparer le beurre de cacao, matière grasse jaune pâle, de la poudre de cacao. Le cacao est une excellente source de cuivre, de potassium, de vitamine B12 et de fer. Il contient aussi des excitants : la théobromine et la caféine.

**graines de cacao**

**poudre de cacao**

# Les boissons

## Infusions et alcools



De nombreuses boissons sont tirées des végétaux. Les infusions sont des boissons aromatiques extraites de grains moulus (café) ou de plantes séchées (thé, tisanes) sous l'action d'eau bouillante. Le café et le thé contiennent de la caféine, une substance stimulante qui, consommée en excès, peut provoquer une accoutumance ainsi que d'autres effets néfastes. L'action des tisanes est plus diverse et moins bien connue. Les boissons alcoolisées, quant à elles, sont issues de la fermentation des sucres contenus dans des fruits ou dans des graines. Elles contiennent de l'éthanol, une molécule responsable de leur effet psychotrope.

### LE THÉ

Le thé est la boisson la plus consommée dans le monde après l'eau. Il est préparé par infusion des feuilles séchées du théier (*Camellia sinensis*), un arbuste tropical originaire d'Asie du Sud-Est. La qualité du thé dépend de l'âge des feuilles récoltées. Les meilleurs thés proviennent du bourgeon terminal, dit « pekoe », et des deux feuilles suivantes. Le terme « pekoe » ne désigne donc pas une variété de thé, mais bien la partie de la plante dont il provient. Les différentes variétés de thé dépendent en fait des traitements préalables appliqués aux feuilles de thé.

Produit à partir de feuilles de thé fermentées puis séchées, le **thé noir** représente plus de 98 % de la production mondiale.

Le **thé oolong** est un thé à demi fermenté qui possède une saveur plus prononcée que celle du thé vert, mais plus délicate que celle du thé noir.

Le **thé vert** est produit sans fermentation. Immédiatement après avoir été cueillies, les feuilles de thé sont chauffées à la vapeur, roulées et séchées. Plus astringent que le thé noir, le thé vert est très apprécié en Chine, au Japon et dans les pays musulmans.

### LES TISANES

Les tisanes sont des boissons préparées par infusion de plantes comestibles ou d'herbes aromatiques séchées. On leur attribue des vertus apaisantes, digestives, toniques ou curatives.

Les feuilles et les fleurs séchées du **tilleul** permettent de préparer des tisanes aux propriétés calmantes, sédatives et adoucissantes.

### LE CAFÉ

Le café est une boisson très populaire, reconnue pour son action stimulante. Le café est préparé à partir des grains du caféier, un arbuste tropical originaire d'Afrique, du genre *Coffea*. Le caféier produit un fruit charnu qui renferme deux noyaux disposés face à face, les grains de café. Les grains sont récoltés verts puis torréfiés, c'est-à-dire rôtis à sec et à haute température. La torréfaction leur donne une coloration brune et accentue leur arôme. Les grains sont ensuite moulus et infusés dans l'eau bouillante pour préparer le café.

Deux espèces de caféiers sont cultivées pour la production de café : *Coffea arabica* (75 % de la production environ) et *Coffea canephora* (robusta). Les grains de *Coffea arabica* sont plus longs et ils contiennent moins de caféine (1 % contre 2 % pour le robusta). Ils produisent un café au goût doux, fin et parfumé.

**grains de café torréfiés**

Les **grains verts** peuvent se conserver plusieurs années, alors que les grains torréfiés perdent rapidement leur saveur.

## LES BOISSONS FERMENTÉES

Les boissons fermentées sont des boissons alcoolisées qui résultent de la fermentation de fruits ou de graines. La fermentation consiste en la transformation des sucres contenus dans les fruits ou les graines en éthanol (alcool). Elle est réalisée par des champignons microscopiques, les levures.

Les principales boissons fermentées sont le vin, issu de la fermentation du fruit de la vigne, le raisin, et la bière, obtenue par fermentation de malt (grains d'orge partiellement germés) et de fleurs de houblon. Le riz peut aussi servir à la préparation de boissons fermentées.

**raisin**

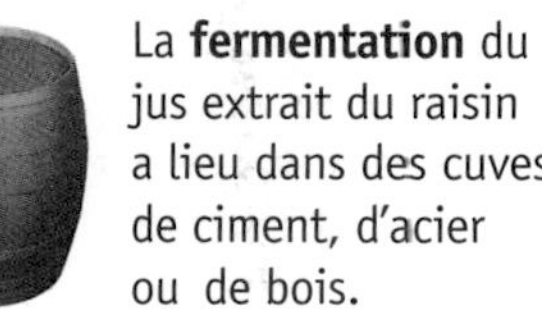

La **fermentation** du jus extrait du raisin a lieu dans des cuves de ciment, d'acier ou de bois.

**vin rouge** **vin blanc**

Le **vin** est obtenu par la fermentation de raisins. Les peaux et les pépins, conservés pendant la fermentation du vin rouge, lui donne sa couleur. Ils sont au contraire généralement séparés du jus avant la fermentation du vin blanc.

La **distillation** traditionnelle est réalisée dans un alambic.

Le **cognac** est une eau-de-vie portant le nom d'une ville française et provenant de la distillation de vins blancs sélectionnés.

**orge**

La **bière** est obtenue à partir d'eau, de malt (orge partiellement germée) et de houblon. Les différentes variétés de bières se distinguent par leur couleur, qui varie du blond pâle au brun presque noir, et par leur goût.

**riz**

Alcool japonais issu de la fermentation du riz, le **saké** possède un degré d'alcool de 15 % environ.

**xérès** **porto**

Les **vins vinés**, comme le xérès et le porto, sont des vins auxquels de l'alcool a été ajouté avant, pendant ou après la fermentation.

| LE DEGRÉ D'ALCOOL | |
|---|---|
| Le degré d'alcool d'une boisson correspond au pourcentage d'éthanol qu'elle contient, en terme de volume. | |
| **bières** | de 4 à 7 %, parfois jusqu'à 13 % |
| **vins** | le plus souvent autour de 12 %, parfois jusqu'à 20 % dans le cas des vins vinés |
| **spiritueux** | de 40 à 60 % |

## LES SPIRITUEUX

Les spiritueux sont des boissons très concentrées en alcool, obtenues par la distillation de boissons fermentées, moins alcoolisées. La distillation consiste à chauffer la boisson fermentée à environ 80 °C afin que son alcool s'évapore. Une petite quantité d'eau, liée à l'alcool, s'évapore aussi à cette température. Les vapeurs d'alcool concentré sont conduites vers un autre récipient. En refroidissant, elles se condensent sous la forme d'un liquide très concentré en alcool.

Qu'ont en commun un fauteuil Louis XV, une paire de jeans, des bonbons pour la gorge et une affiche publicitaire ? Ils proviennent tous de végétaux. Les plantes sont en effet **exploitées depuis des millénaires** pour la fabrication d'objets de la vie quotidienne. Des fibres végétales servent à la production de textiles, des substances sécrétées par certaines plantes se retrouvent dans des préparations pharmaceutiques ou dans le caoutchouc, tandis que **le bois des arbres connaît d'innombrables utilisations.** Les applications industrielles des végétaux sont infiniment variées, et beaucoup restent encore à inventer.

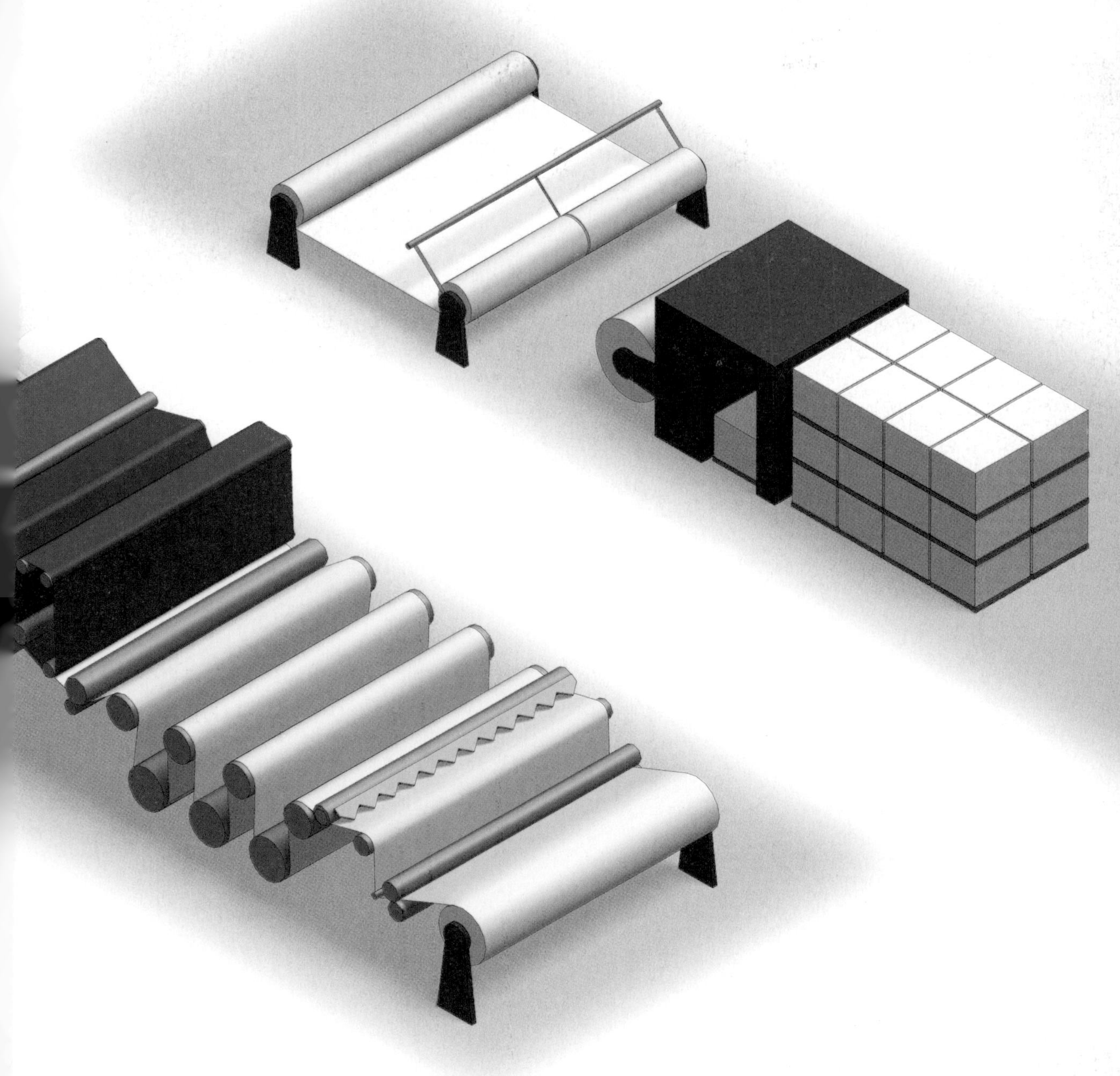

# Les plantes industrielles


116 **L'industrie du bois**
*Les multiples applications des produits forestiers*

118 **La fabrication du papier**
*Des arbres transformés en feuilles*

120 **Le caoutchouc naturel**
*Un matériau polyvalent extrait de l'hévéa*

121 **Les plantes médicinales**
*Des remèdes ancestraux*

122 **Les plantes textiles**
*Des fibres végétales pour le tissage*

# L'industrie du bois

## *Les multiples applications des produits forestiers*

Les produits du bois sont extrêmement variés. Le bois sert de matériau de construction, mais aussi de combustible et de matière première pour la fabrication du papier. Parmi les implications écologiques de l'exploitation industrielle du bois, on constate que les forêts naturelles régressent au profit des forêts plantées.

### LES ESSENCES DE BOIS

Chaque espèce d'arbre fournit une essence de bois distincte, possédant des caractéristiques propres. Les conifères, comme le sapin, le pin ou l'épicéa (épinette), fournissent des bois habituellement tendres. Les feuillus, quant à eux, donnent le plus souvent des bois durs, ou bois francs. Ce sont par exemple le chêne, l'érable ou encore le hêtre. L'industrie forestière distingue aussi les bois tropicaux, issus d'arbres feuillus poussant dans la zone intertropicale, comme l'acajou.

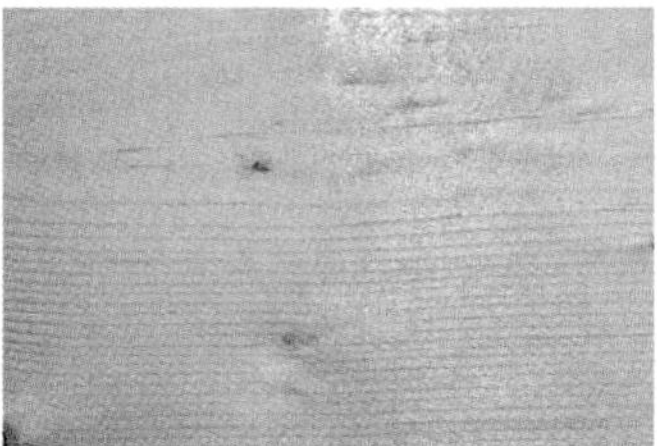

Entre autres utilisations, le bois blanc et tendre de l'**épicéa (épinette)** sert massivement à la production de bois d'œuvre et de papier.

Le bois de **chêne**, de couleur jaune à brun clair, connaît de multiples applications (menuiserie, construction navale, traverses de chemins de fer, tonneaux...).

L'**acajou** est exploité en Amérique du Sud, aux Antilles et en Afrique. Il fournit un bois rougeâtre et dur, très prisé en ébénisterie.

### LES PRODUITS DU BOIS

Indépendamment de l'essence du bois, les produits du bois sont classés en quatre catégories, selon leur utilisation finale : les bois ronds, incluant le bois d'œuvre ; les panneaux dérivés du bois ; les pâtes de bois, issues de la transformation des fibres de bois ; et les papiers et cartons (papiers et cartons d'imprimerie, d'emballage et d'usage domestique), fabriqués à partir des pâtes de bois.

#### LES BOIS RONDS

Cette catégorie regroupe tout le bois retiré des forêts, que ce soit les arbres abattus ou les déchets des activités de coupe, soit plus de 3,3 milliards de $m^3$ de bois par an. On distingue les combustibles ligneux, qui sont brûlés pour produire de l'énergie, et les bois ronds industriels, sciés en planches (bois d'œuvre) ou transformés en panneaux ou en pâtes de bois.

**utilisations des bois ronds**

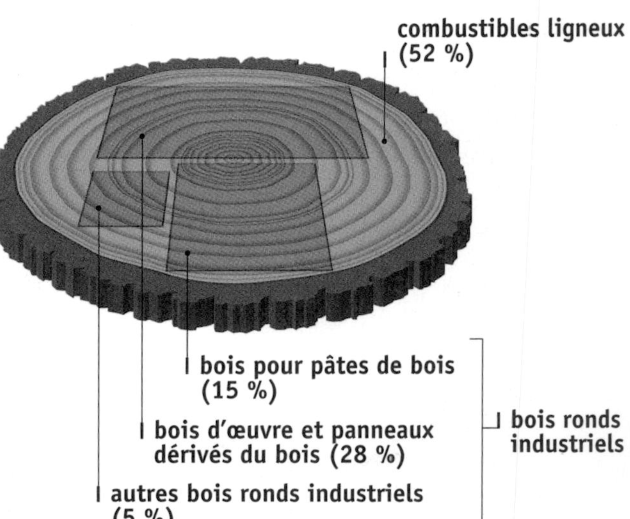
combustibles ligneux (52 %)
bois pour pâtes de bois (15 %)
bois d'œuvre et panneaux dérivés du bois (28 %)
autres bois ronds industriels (5 %)
bois ronds industriels

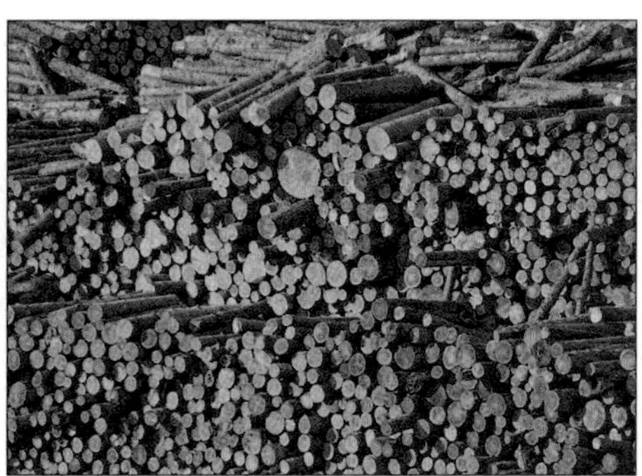

La production mondiale de **bois ronds industriels** s'élève à près de 1,6 milliard de $m^3$ par année. Les principales régions de production sont l'Amérique du Nord (environ 640 millions de $m^3$) et l'Europe (environ 490 millions de $m^3$).

## LE BOIS D'ŒUVRE

Le bois d'œuvre désigne le bois qui arrive à la scierie sous forme de grumes (troncs) et qui est transformé afin de servir dans les domaines de la construction (charpentes, lambris), de la menuiserie (escaliers, parquets) et de l'ameublement (mobilier industriel et ébénisterie).

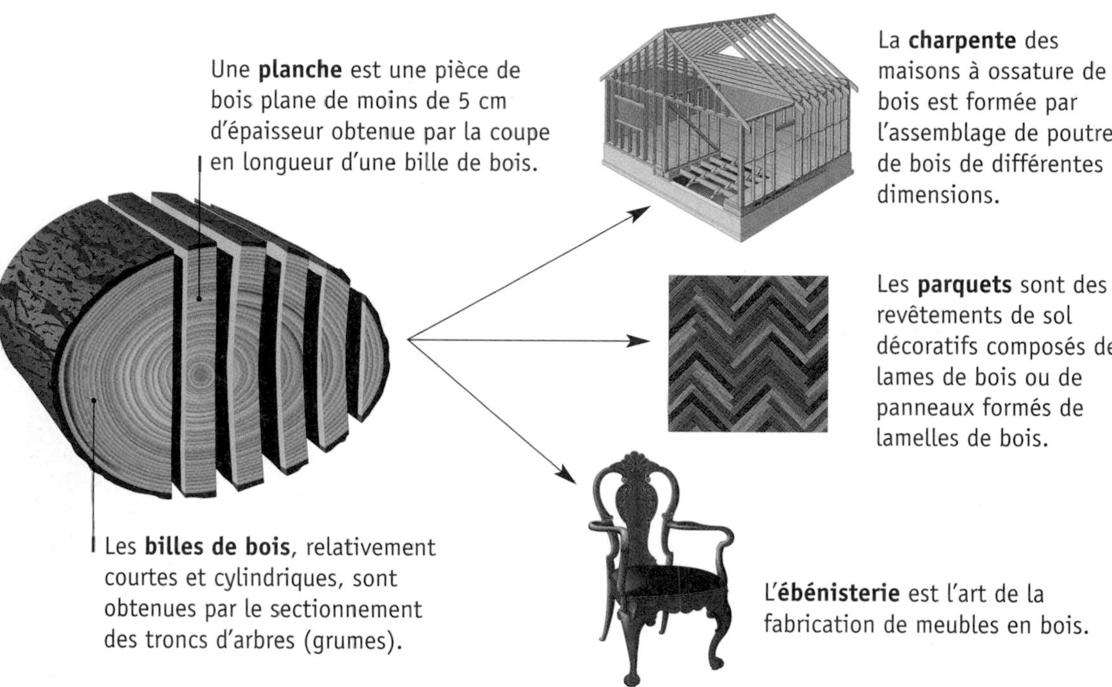

Une **planche** est une pièce de bois plane de moins de 5 cm d'épaisseur obtenue par la coupe en longueur d'une bille de bois.

La **charpente** des maisons à ossature de bois est formée par l'assemblage de poutres de bois de différentes dimensions.

Les **parquets** sont des revêtements de sol décoratifs composés de lames de bois ou de panneaux formés de lamelles de bois.

Les **billes de bois**, relativement courtes et cylindriques, sont obtenues par le sectionnement des troncs d'arbres (grumes).

L'**ébénisterie** est l'art de la fabrication de meubles en bois.

## LES PANNEAUX DÉRIVÉS DU BOIS

Ces matériaux sont obtenus par la transformation du bois rond ou par l'assemblage ou l'agglomération de divers éléments du bois. Les panneaux dérivés du bois sont utilisés comme matériau de construction, par exemple comme sous-plancher.

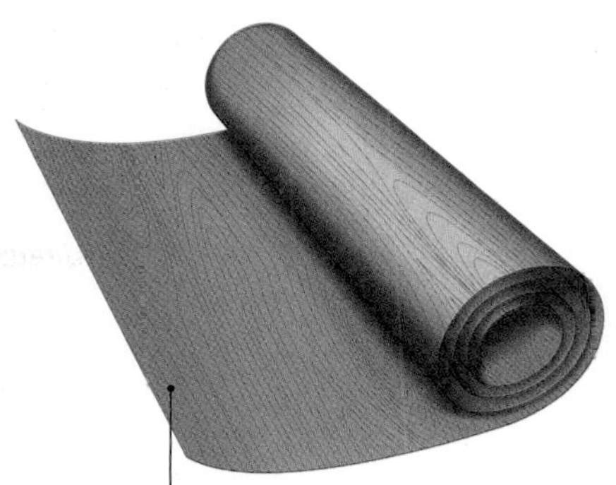

Les minces feuilles de **placage** sont obtenues par le taillage d'une bille de bois maintenue en rotation contre un couteau.

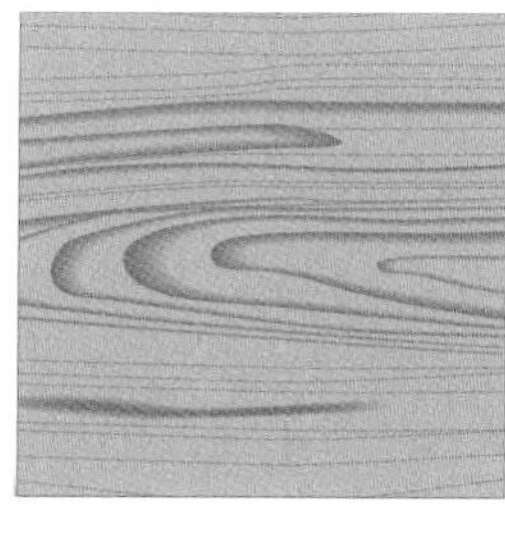

Le **contreplaqué multiplis** est un panneau formé d'au moins cinq plis, collés les uns sur les autres de manière à ce que les fibres d'un pli soient perpendiculaires à celles du pli suivant.

Les **plis** sont de minces feuilles de placage, d'épaisseur égale, utilisées pour fabriquer le contreplaqué.

Un **panneau de fibres** est une plaque lisse et homogène formée par le pressage à haute température de minuscules fibres de bois imprégnées de résine.

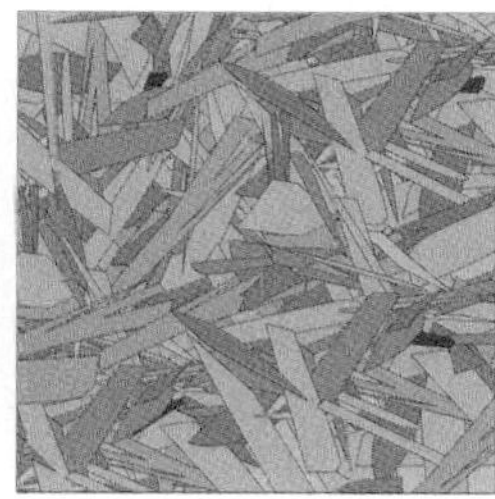

Un **panneau de copeaux** est constitué de fragments de bois (copeaux) mélangés à une colle, puis agglomérés par pressage à haute température.

# La fabrication du papier

## *Des arbres transformés en feuilles*



Le papier est fabriqué à partir de fibres végétales, principalement celles du bois. Les fibres du bois servent à la préparation de la pâte à papier, qui est ensuite transformée en une multitude de produits différents, des papiers graphiques aux cartons d'emballage en passant par le papier journal et les papiers domestiques. Le processus de transformation des copeaux de bois en feuilles de papier dure moins d'une journée.

### LA PÂTE À PAPIER

Le bois est composé de fibres (de 70 à 85 %, selon l'essence de bois), reliées entre elles par une substance rigide, la lignine. La fabrication de la pâte à papier consiste à extraire les fibres du bois et à les mettre en suspension dans l'eau pour former une pâte très liquide.

Le bois est débarrassé de son écorce ❶ puis déchiqueté en copeaux ❷. Il est ensuite transporté jusqu'à l'usine de pâte à papier. Là, les copeaux de bois peuvent être réduits en fragments plus petits par meulage (procédé mécanique ❸), ou cuits dans une solution contenant des réactifs chimiques capables de dissoudre la lignine (procédé chimique ❹). Des additifs chimiques permettent d'éliminer davantage de lignine, ce qui blanchit la pâte ❺. La pâte blanchie passe dans un raffineur ❻ : les fibres du bois, mises en suspension dans l'eau, gonflent, ramollissent et s'enchevêtrent, de façon à fournir des papiers plus résistants. Des pâtes de différentes qualités (neuve et recyclée, par exemple) sont ensuite mélangées ❼ à divers additifs, comme des colorants, selon le type de papier désiré. Enfin, la pâte est déshydratée par pressage. Les blocs de pâte déshydratée ❽ sont expédiés vers l'usine de papier où ils seront transformés en feuilles.

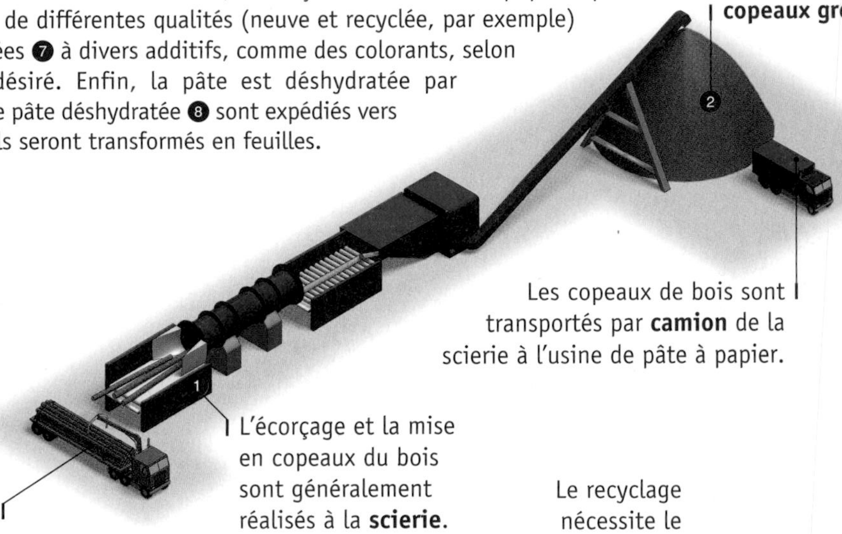

copeaux grossiers

Les copeaux de bois sont transportés par **camion** de la scierie à l'usine de pâte à papier.

Le **bois** utilisé pour la fabrication du papier provient d'arbres adultes et, de plus en plus, des résidus de l'industrie du bois d'œuvre.

L'écorçage et la mise en copeaux du bois sont généralement réalisés à la **scierie**.

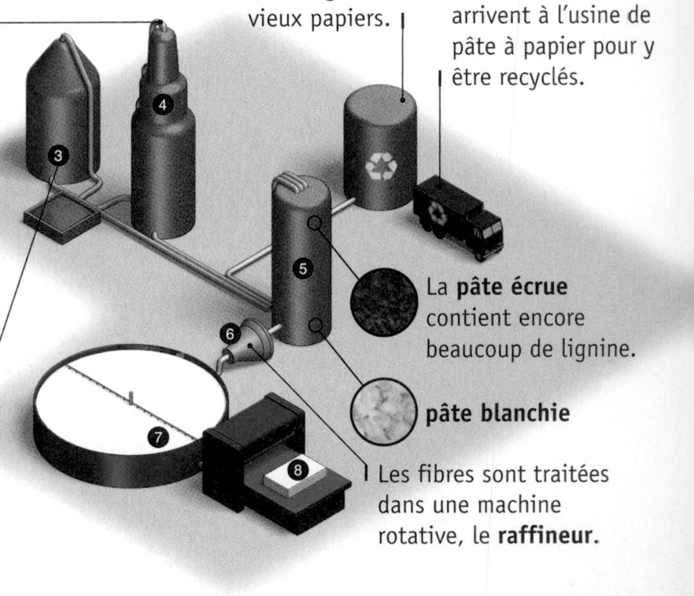

Le recyclage nécessite le **désencrage** des vieux papiers.

De **vieux papiers** arrivent à l'usine de pâte à papier pour y être recyclés.

Le **procédé chimique** a un rendement moyen (100 t de bois produisent 50 t de pâte), mais il altère moins les fibres et permet d'éliminer la lignine, donc d'obtenir des papiers plus résistants et plus blancs. Les trois quarts des pâtes à papier sont aujourd'hui des pâtes chimiques. Elles ont de multiples utilisations, des papiers d'impression aux papiers d'emballage.

La **pâte écrue** contient encore beaucoup de lignine.

**pâte blanchie**

Le **procédé mécanique** offre un bon rendement : 100 t de bois donnent 90 t de pâte mécanique. Mais ces pâtes contiennent beaucoup de lignine et fournissent des papiers qui ont tendance à jaunir. On les utilise pour produire du papier journal.

Les fibres sont traitées dans une machine rotative, le **raffineur.**

## LES VÉGÉTAUX À L'ORIGINE DE LA PÂTE À PAPIER

Près de 95 % des pâtes à papier produites aujourd'hui proviennent du bois des arbres, aussi bien de conifères que de feuillus, dans des proportions qui varient selon le pays producteur. Bien que la tendance soit au recyclage des papiers et des cartons, les pâtes faites de fibres neuves représentent encore environ 50 % des pâtes à papier.

Les pâtes de fibres recyclées comptent pour près de 45 % de la production de pâtes à papier. Elles sont surtout utilisées pour la fabrication de papier journal et de papiers et cartons d'emballage.

Les pâtes tirées d'autres fibres que le bois représentent moins de 5 % de la production. Les pâtes chiffon, obtenues à partir de chiffons de lin, de chanvre ou de coton, étaient autrefois très utilisées. Elles sont maintenant réservées à la fabrication de papiers spéciaux très durables, pour l'édition de luxe notamment.

**bouleau**

Les **feuillus** comme le bouleau et le peuplier, aux fibres courtes, donnent des papiers opaques et lisses adaptés à l'imprimerie.

**épicéa (épinette)**

Les **conifères** comme l'épicéa (épinette) et le pin possèdent des fibres longues et fournissent des papiers résistants.

## DE LA PÂTE AU PAPIER

La pâte à papier arrive déshydratée à l'usine de papier. Elle est diluée dans l'eau ❶, puis versée dans la caisse d'arrivée ❷ de la machine à papier. Elle est projetée sur la toile de formation ❸, une toile poreuse rotative qui permet d'égoutter la pâte. Dans la section des presses ❹, la pâte est amincie et essorée entre des cylindres recouverts de feutre absorbant. Elle est ensuite séchée entre les cylindres chauffants de la sécherie ❺, puis sort de la machine sous la forme d'une mince feuille de papier. Le papier peut ensuite être couché ❻, c'est-à-dire enduit d'une sauce de couchage, une solution pigmentée qui améliore ses propriétés d'impression. Le papier est alors lissé par calandrage ❼, puis enroulé en bobines pesant plusieurs tonnes. Ces bobines ❽ sont finalement découpées.

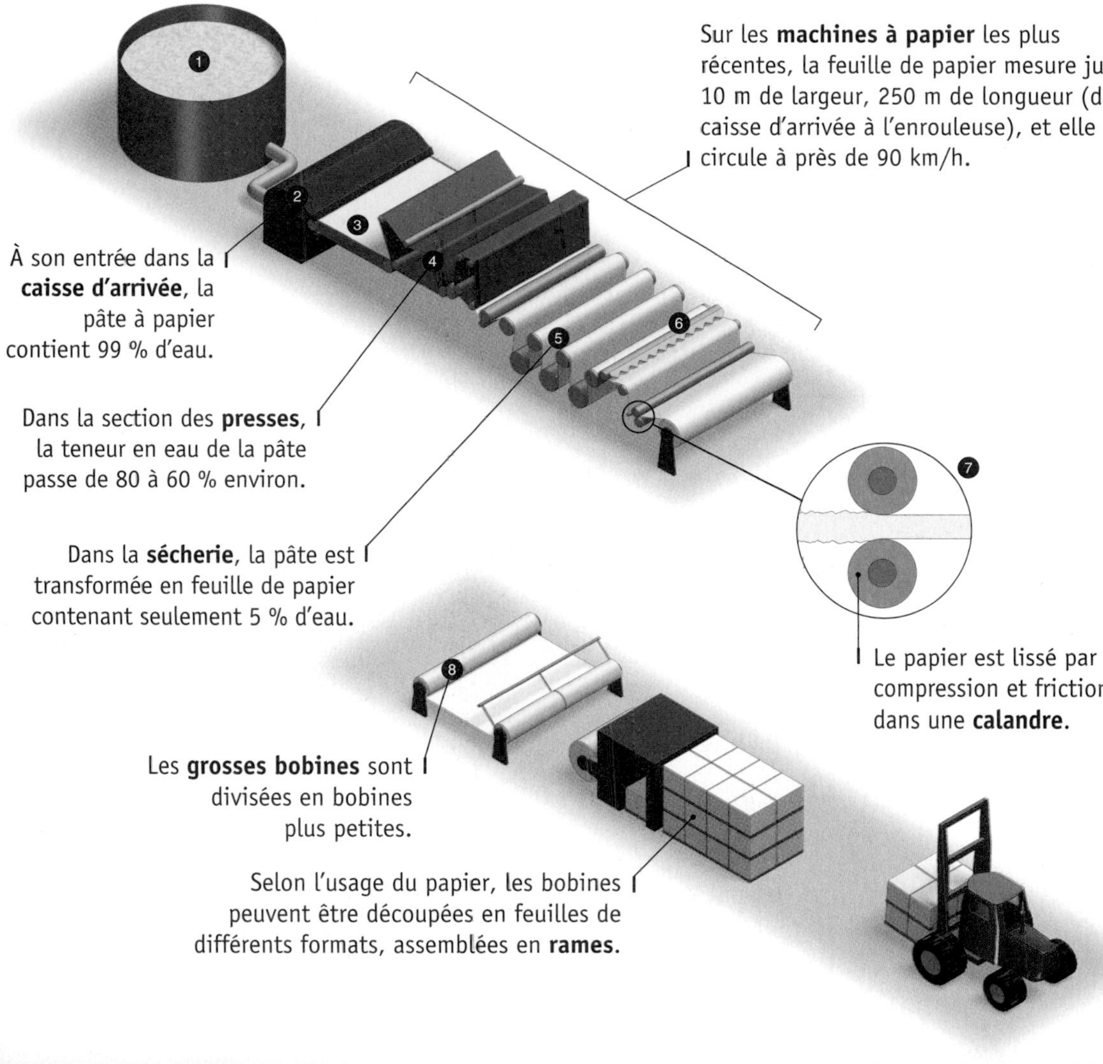

Sur les **machines à papier** les plus récentes, la feuille de papier mesure jusqu'à 10 m de largeur, 250 m de longueur (de la caisse d'arrivée à l'enrouleuse), et elle circule à près de 90 km/h.

À son entrée dans la **caisse d'arrivée**, la pâte à papier contient 99 % d'eau.

Dans la section des **presses**, la teneur en eau de la pâte passe de 80 à 60 % environ.

Dans la **sécherie**, la pâte est transformée en feuille de papier contenant seulement 5 % d'eau.

Le papier est lissé par compression et friction dans une **calandre**.

Les **grosses bobines** sont divisées en bobines plus petites.

Selon l'usage du papier, les bobines peuvent être découpées en feuilles de différents formats, assemblées en **rames**.

# Le caoutchouc naturel

## *Un matériau polyvalent extrait de l'hévéa*

Le caoutchouc est un matériau élastique, imperméable et résistant, très largement utilisé dans l'industrie. Le caoutchouc naturel, qui représente environ 40 % de la production mondiale de caoutchouc, est fabriqué à partir du latex, une substance laiteuse extraite d'un arbre tropical, l'hévéa.

### L'HÉVÉACULTURE

Le caoutchouc naturel provient du latex, un liquide qui circule sous l'écorce de certains végétaux. Plus de 7 500 espèces végétales produisent du latex, mais la seule exploitée à grande échelle pour la production de caoutchouc est *Hevea brasiliensis*, dont le latex est blanc. L'exploitation de cet arbre originaire d'Amazonie commence lorsque sa circonférence atteint 50 cm à 1 m du sol; l'arbre est alors âgé de trois à six ans. Pendant environ 30 ans, l'arbre fournira assez de latex pour fabriquer 5 kg de caoutchouc par an.

La quasi-totalité du caoutchouc naturel provient des **plantations d'hévéas** d'Asie du Sud-Est.

### LA RÉCOLTE DU LATEX

Le latex est produit par le manteau lactifère. Son rôle biologique est encore mal connu, mais il pourrait participer à la défense de l'arbre : lorsque l'écorce de l'arbre est endommagée, le latex s'écoule de la blessure, se coagule et finit par former un bouchon qui empêche l'entrée d'agents pathogènes dans l'arbre. Cette propriété est exploitée en hévéaculture. Le tronc des hévéas est incisé tôt le matin et le latex est récolté dans un godet. Au bout de deux à cinq heures, le latex se coagule et obstrue l'incision. Celle-ci est rouverte le lendemain, ce qui stimule à nouveau la production de latex.

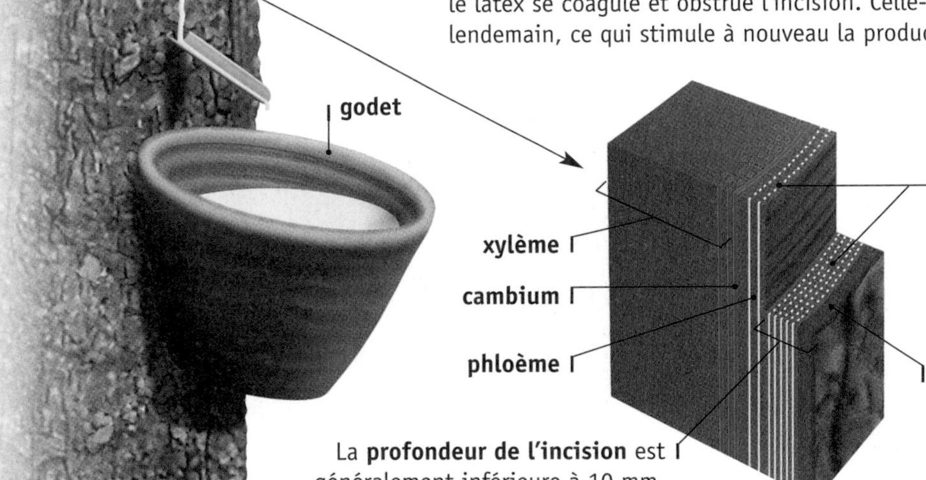
incision
latex
godet
xylème
cambium
phloème
écorce

Les vaisseaux du **manteau lactifère** sont situés juste sous l'écorce ou parmi les vaisseaux du phloème.

La **profondeur de l'incision** est généralement inférieure à 10 mm.

### LES APPLICATIONS INDUSTRIELLES DU CAOUTCHOUC

Rapidement après la récolte, le latex se coagule : les minuscules particules de caoutchouc qu'il contient s'agglomèrent et forment le caoutchouc brut. Celui-ci présente peu d'intérêt industriel : collant en été, cassant en hiver, il se déchire facilement et n'est pas élastique. Pour être utilisable, il doit subir une vulcanisation, une transformation qui consiste à ajouter du soufre au caoutchouc brut et à le cuire brièvement. Le caoutchouc vulcanisé est élastique et résistant à la chaleur et à l'étirement. Il est abondamment utilisé dans l'industrie, pour la fabrication de pneumatiques, de joints, de ballons, de jouets... Il est aussi utilisé dilué pour l'imperméabilisation de tissus, la fabrication de gants, d'adhésifs et de peintures.

# Les plantes médicinales

## *Des remèdes ancestraux*



Une plante médicinale est une plante dont une partie, par exemple la feuille ou la fleur, possède des propriétés curatives. Les plantes médicinales sont utilisées depuis des millénaires. La phytothérapie, ou la médecine par les plantes, fait aujourd'hui appel à près de 2 000 plantes différentes. Elles doivent être utilisées avec précaution car selon la dose, certaines peuvent être toxiques.

L'AIL (*Allium sativum*)

L'ail est une plante herbacée dont les bulbes sont employés en cuisine comme condiment. Le bulbe d'ail est une tige souterraine qui contient plusieurs composés chimiques, dont l'allicine. Certains de ces composés sont réputés pour réduire la pression artérielle et le taux de cholestérol et pour fluidifier le sang. On lui prête aussi des propriétés stimulantes et antiseptiques. L'ingestion d'une gousse d'ail frais chaque jour permettrait de protéger son système vasculaire, mais cela expose aussi à des troubles digestifs.

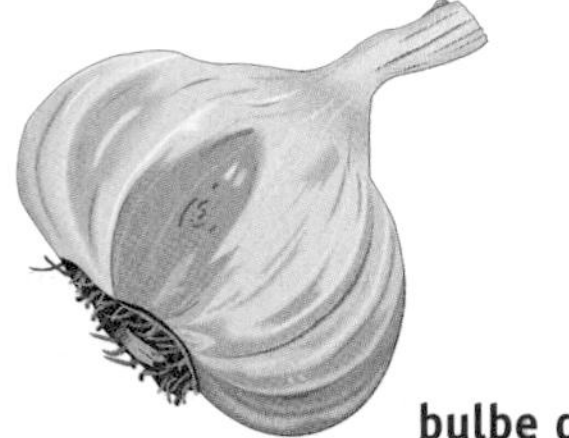

**bulbe d'ail**

L'ANIS (*Pimpinella anisum*)

L'anis est une plante herbacée cultivée comme plante condimentaire pour ses feuilles et ses graines aromatiques. L'infusion de ses graines produit une tisane aux propriétés stimulantes et digestives. L'anis est réputé en phytothérapie, mais aussi dans l'industrie des liqueurs, où il sert à préparer l'anisette, un apéritif très parfumé.

**graines d'anis**

LA CAMOMILLE (*Chamaemelum nobile*)

La camomille est une plante herbacée dont les tiges sont velues et les fleurs réunies en capitule. Les fleurs de camomille auraient diverses propriétés curatives, connues depuis l'époque romaine. Elles sont notamment utilisées en tisane pour traiter les spasmes digestifs douloureux et en onguent pour soigner l'inflammation de la peau et des muqueuses.

**fleurs de camomille**

L'EUCALYPTUS (*Eucalyptus ssp.*)

L'eucalyptus est un arbre de grande taille originaire d'Océanie. Il est cultivé pour son bois qui sert à produire de la pâte à papier. Ses feuilles bleutées et très odorantes contiennent de l'eucalyptol. Cette substance est utilisée comme antiseptique et anti-inflammatoire des voies respiratoires. L'eucalyptus s'administre en tisane, en inhalation ou encore en huile essentielle.

**feuille d'eucalyptus**

# Les plantes textiles

## *Des fibres végétales pour le tissage*

Les plantes textiles sont des plantes qui produisent des fibres allongées se prêtant bien à la filature et au tissage. Elles étaient déjà utilisées il y a plus de 7 000 ans, notamment en Asie, au Moyen-Orient et en Amérique du Sud. Aujourd'hui encore, malgré le développement des fibres synthétiques, les fibres d'origine végétale restent très utilisées par l'industrie textile. Une dizaine de plantes textiles sont cultivées dans le monde, notamment le cotonnier.

### LE COTON

Le coton provient du cotonnier (plusieurs espèces du genre *Gossypium*), un petit arbuste dont il existe de nombreuses variétés. Le cotonnier est une plante tropicale qui exige un climat chaud et humide. Il est cultivé principalement en Inde, en Chine, en Amérique du Nord et au Moyen-Orient. Le fruit du cotonnier est une capsule contenant des graines enveloppées de poils fibreux de 2 à 3 cm de long, le coton. Les graines sont utilisées pour la production d'huile alimentaire et de nourriture pour le bétail.

Résistante, la fibre de coton est très appréciée de l'industrie textile, car elle se tisse et se colore facilement. La qualité du coton dépend principalement de la couleur et de la longueur des fibres, qui elles-mêmes dépendent de la variété de cotonnier cultivée. Le coton est aussi très utilisé dans le domaine médical pour son pouvoir d'absorption des liquides.

Le **cotonnier** est la plante textile la plus cultivée dans le monde : la production annuelle de coton dépasse 23 millions de tonnes.

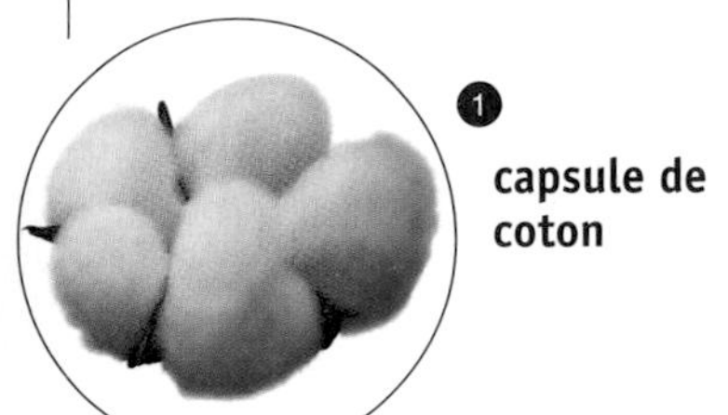

1
**capsule de coton**


#### L'ÉGRENAGE DU COTON

À maturité, les capsules de coton ❶ éclatent, permettant la récolte des graines enveloppées de fibres de coton. La récolte ❷ se fait le plus souvent mécaniquement. Dans une usine d'égrenage, les fibres sont séparées des graines et des débris de la capsule par une égreneuse ❸. Les fibres sont ensuite compressées sous forme de balles ❹ pour être expédiées vers une usine de filature.

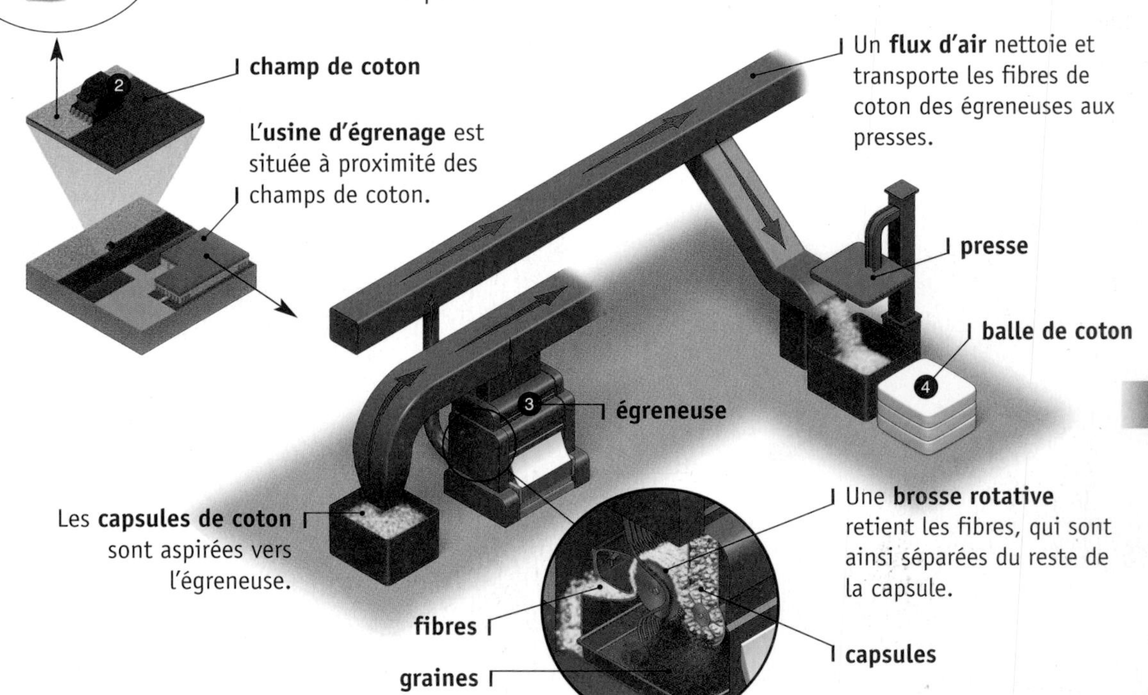

**champ de coton**
2
L'**usine d'égrenage** est située à proximité des champs de coton.
Un **flux d'air** nettoie et transporte les fibres de coton des égreneuses aux presses.
**presse**
**balle de coton**
4
3
**égreneuse**
Les **capsules de coton** sont aspirées vers l'égreneuse.
Une **brosse rotative** retient les fibres, qui sont ainsi séparées du reste de la capsule.
**fibres**
**graines**
**capsules**

sacs de café en jute

## LE JUTE

Le jute provient des vaisseaux du phloème d'une plante tropicale du genre *Corchorus*. Cette plante, qui mesure de 3 à 4 m de hauteur, est cultivée principalement en Inde et au Bangladesh. Raides et ligneuses, les fibres de jute servent surtout à fabriquer des sacs pour le transport de denrées. Bien que ses applications soient moins variées que celles du coton, le jute est produit en grandes quantités, soit 2,7 millions de tonnes chaque année.

champ de lin

## LE LIN

Le lin (*Linum usitatissimum*) est une plante herbacée de 40 à 80 cm de hauteur. Il est cultivé pour ses graines, utilisées en boulangerie et pour la production d'huile, et pour les fibres de ses tiges, qui servent à fabriquer des tissus appelés toiles de lin. Le lin sert à la confection de vêtements et de linge de maison, ainsi que de matériaux isolants pour l'industrie de la construction.

plant de chanvre

## LE CHANVRE

Le chanvre (*Cannabis sativa*) mesure environ 2 m de hauteur. Connu pour ses propriétés psychotropes, le chanvre est aussi cultivé pour les fibres de ses tiges. Autrefois, ces fibres servaient à confectionner des vêtements ou des draps. Aujourd'hui, le chanvre a été remplacé par le lin et le coton, moins grossiers, et par les fibres synthétiques, au tissage plus régulier. Comme les fibres de chanvre résistent bien à la putréfaction, elles restent utilisées pour la fabrication de cordages, de voiles à bateaux et de filets de pêche. Il est aussi utilisé comme isolant.

### LA FILATURE DU COTON

Les balles de fibres de coton arrivent à l'usine de filature par camion. Avant de pouvoir être filé, le coton brut est démêlé dans une cardeuse ❶, une machine qui nettoie les fibres et les oriente parallèlement les unes aux autres. Les rubans de carde obtenus sont affinés entre des cylindres de caoutchouc ❷ tournant de plus en plus vite. Le coton est finalement filé sur un métier à filer ❸ : plusieurs rubans de coton sont rassemblés puis étirés et tordus sur une bobine rotative ❹ afin de former un fil continu. Les fils de coton peuvent être tissés ou tricotés. Les textiles non tissés, quant à eux, sont constitués non pas de fils, mais de fibres compressées ou traitées chimiquement.

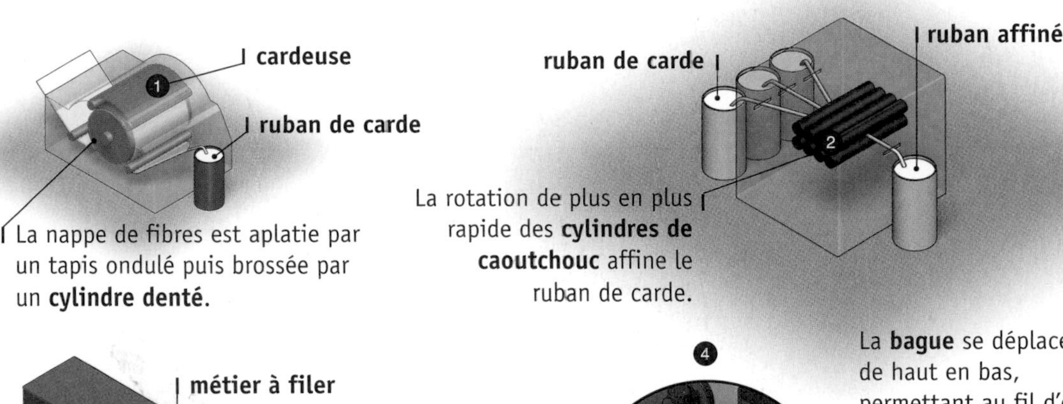
cardeuse
1
ruban de carde
La nappe de fibres est aplatie par un tapis ondulé puis brossée par un **cylindre denté.**
ruban de carde
ruban affiné
2
La rotation de plus en plus rapide des **cylindres de caoutchouc** affine le ruban de carde.

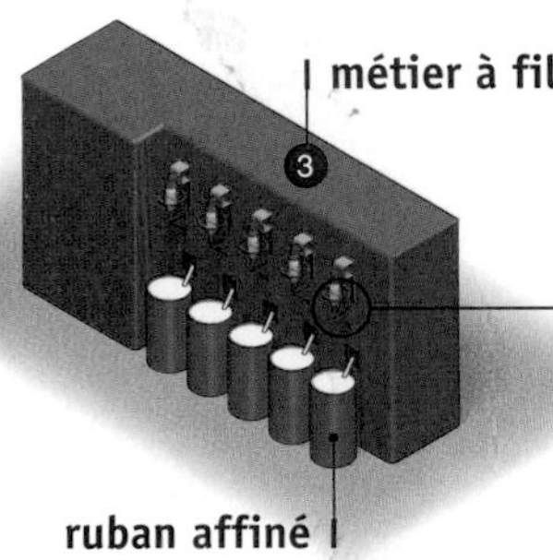
métier à filer
3
ruban affiné
4
Le ruban étiré et tordu constitue le **fil.**
La rotation de la **bobine** étire le ruban de coton.
ruban affiné
La **bague** se déplace de haut en bas, permettant au fil d'être enroulé sur toute la longueur de la bobine.
Le ruban passe dans un **anneau** qui lui impose une contrainte et le force à se tordre.

# Glossaire

**abscission**
Rupture normale du pétiole des feuilles mortes ou du pédoncule des fruits mûrs, entraînant leur chute.

**adaptation**
Ajustement d'une espèce aux conditions de son milieu de vie, ce qui augmente ses chances de survie et de reproduction dans ce milieu.

**adventif**
Se dit d'un organe végétal qui se développe sur un autre organe, en dehors du processus normal de ramification.

**agronomie**
Science qui a pour objet l'étude des relations entre les plantes cultivées, le sol, le climat et les techniques agricoles.

**amidon**
Sucre complexe formé par l'assemblage de molécules plus simples, mis en réserve sous forme de grains dans de nombreux tissus végétaux.

**autotrophe**
Se dit d'un organisme capable de produire ses propres molécules organiques à partir d'éléments minéraux et d'énergie solaire.

**azote**
Gaz inodore et incolore qui constitue 78 % du volume de l'atmosphère terrestre. L'azote entre dans la composition de la matière organique, notamment les protéines.

**biodiversité**
Variété des espèces vivantes qui peuplent un milieu donné.

**botanique**
Science qui a pour objet l'étude des végétaux.

**cambium**
Tissu de croissance contenu dans les racines et les tiges et qui en assure l'accroissement en diamètre. Le cambium n'est présent que chez les conifères et les plantes à fleurs dicotylédones vivaces.

**coagulation**
Transformation d'une substance liquide en une matière solide.

**combustible**
Se dit d'une matière capable de brûler au contact de l'oxygène.

**concentration**
Quantité de matière d'un corps dissous par rapport au volume de la solution dans laquelle il est dissous.

**cône**
Inflorescence des conifères formée d'écailles portant des ovules. De rares angiospermes, comme le houblon, possèdent aussi des organes reproducteurs en forme de cônes.

**cotylédon**
Partie de l'embryon qui, lors de la germination, permet à la plantule de s'alimenter avant l'apparition des premières feuilles.

**courant océanique**
Déplacement de grandes masses d'eau océanique selon une trajectoire stable et à une vitesse régulière. Les courants océaniques influencent les formations végétales, car ils transportent la chaleur d'une région à l'autre.

**division cellulaire**
Duplication d'une cellule donnant naissance à deux cellules filles identiques à la cellule mère. La division cellulaire assure la croissance des plantes.

**dormance**
État d'un organe dont le développement est momentanément arrêté. La levée de la dormance nécessite une stimulation extérieure, comme l'allongement de la durée du jour au printemps qui provoque la reprise du développement des bourgeons.

**écosystème**
Système, de taille très variable, formé d'un milieu naturel et de l'ensemble des organismes qui y vivent.

**épiderme**
Couche de cellules la plus externe des organes végétaux, dont les cellules possèdent souvent des parois épaisses et sont recouvertes d'une pellicule imperméable. L'épiderme compte parfois plusieurs couches de cellules.

**espèce**
À l'intérieur de la classification des êtres vivants, subdivision qui regroupe des individus aux caractéristiques semblables et qui sont capables de se reproduire entre eux.

**évaporation**
Passage de l'eau de l'état liquide à l'état gazeux.

**feuillu**
Arbre du groupe des plantes à fleurs dont les feuilles, le plus souvent caduques, présentent un limbe large, par opposition aux aiguilles des conifères.

**flagelle**
Long filament mobile fixé à certains types de cellules et qui leur permet de se déplacer en nageant.

**gaz carbonique**
Gaz incolore et inodore qui représente 0,03 % du volume de l'atmosphère terrestre et qui intervient dans les processus de photosynthèse et de respiration.

**glande**
Organe dont les cellules sécrètent un liquide possédant une fonction biologique particulière.

**huile essentielle**
Mélange complexe de substances aromatiques extraites d'organes végétaux, le plus souvent par distillation ou pression. Aussi appelée essence.

# Glossaire

**latitude**
Distance angulaire d'un point sur Terre par rapport à l'équateur.

**liège**
Tissu protecteur produit par l'écorce de certains arbres, formé de cellules mortes remplies d'air et imprégnées de subérine, une molécule imperméable.

**lignine**
Molécule complexe imprégnant la paroi des cellules de certains tissus, leur conférant cohésion et solidité mais limitant le métabolisme.

**lumière visible**
Rayonnement électromagnétique dont la longueur d'onde est comprise entre 400 et 700 nm. La lumière visible est la source d'énergie des plantes vertes et elle influence divers phénomènes comme la croissance, la floraison, la germination et l'ouverture et la fermeture des stomates.

**minéral**
Se dit d'un composé chimique dépourvu de carbone.

**molécule**
Particule composée de plusieurs atomes.

**mucilage**
Substance végétale translucide, visqueuse et sucrée, produite par divers tissus végétaux.

**nectar**
Liquide sucré plus ou moins visqueux produit par des glandes, appelées nectaires, de certaines fleurs. Les abeilles en font du miel.

**organe**
Partie d'un être vivant constituée de plusieurs tissus différents, qui possède une forme déterminée et qui exerce une fonction particulière.

**organique**
Se dit d'une substance contenant du carbone.

**organite**
Chacun des éléments différenciés de la cellule.

**oxygène**
Gaz incolore et inodore qui constitue 21 % du volume de l'atmosphère terrestre. L'oxygène est indispensable à la respiration des végétaux et des animaux.

**parenchyme**
Tissu formé de cellules peu différenciées, typiquement allongées, remplissant des fonctions variées (photosynthèse, réserves nutritives, conduction des gaz, remplissage...).

**pathogène**
Qui peut causer une maladie.

**pigment**
Substance responsable de la coloration d'un tissu. La pigmentation des fleurs et des fruits attire les animaux, favorisant la pollinisation et la dissémination des graines.

**plancton**
Ensemble des organismes animaux (zooplancton) et végétaux (phytoplancton) vivant en suspension dans l'eau de mer et dont les déplacements sont déterminés par les courants marins.

**protéine**
Grosse molécule organique formée par l'enchaînement de molécules plus petites, les acides aminés, riches en azote.

**psychotrope**
Se dit d'une substance d'origine naturelle ou artificielle capable de modifier l'activité du système nerveux central et du psychisme.

**résine**
Produit collant et très visqueux sécrété par certains arbres, jouant un rôle dans la cicatrisation de l'écorce. Les conifères produisent une résine dont on tire l'essence de térébenthine, utilisée dans la fabrication de peintures.

**sucre**
Molécule organique composée de carbone, d'hydrogène et d'oxygène, servant de source d'énergie aux êtres vivants. Les plantes produisent des sucres par photosynthèse.

**tissu**
Ensemble homogène de cellules différenciées qui exercent une fonction particulière. Tous les tissus végétaux dérivent de groupes de cellules juvéniles, non différenciées, les méristèmes.

**tourbe**
Matière riche en substances organiques, résultant d'une décomposition lente et incomplète de végétaux dans un milieu humide. La tourbe est utilisée comme combustible et comme engrais.

**végétatif**
Qui se rapporte aux fonctions vitales d'un végétal (nutrition, croissance), à l'exception de ce qui concerne la reproduction sexuée.

**vitamine**
Molécule organique, sans valeur énergétique, indispensable en petite quantité au fonctionnement des organismes incapables d'en faire la synthèse. Les plantes alimentaires sont d'excellentes sources de vitamines pour l'être humain.

**volubile**
Se dit d'une plante grimpante dont la tige, grêle, ne peut s'élever qu'en s'enroulant en spirale autour d'un support.

**zygote**
Cellule formée par la fusion de deux gamètes.

# Index


## A

abscission [G] 48
absorption racinaire **30**, 68
acacia 86
adventif, organe [G] 20, **61**
agrume 104
aiguille 22, 49
AIRE PROTÉGÉE 94
akène 58
albumen **56**, 106
alcool 113
ALGUE 8, **12**, 16, 108
altitude 89
amidon [G] 11, 65
anabolisme 66
ANATOMIE 26
anémophile 53
angiosperme 8, 29
anthère **40**, 52
aperture 54
apothécie 16
appareil de Golgi 10
appareil reproducteur 26, 29, 40
appareil végétatif 26, 98
AQUATIQUE, PLANTE **92**
aquatique, milieu 12, 92
arborescente, plante 9, 20, 21, 28
ARBRE 22, 46
arbre résineux 8, **22**
arbres, taille des 76
arbrisseau 76
arbuste 76
aridité 90
aromatique, plante 109
artificielle, pollinisation 53
asexuée, reproduction 13, 19, 21, 61
autopollinisation 52
autotrophe, organisme [G] 13, **64**
azote [G] 33, 67, 72

## B

baie 59
baobab 86
bière 113
biodiversité [G] 84, 94
biosphère, Réserve de la 94
blé 58, 106, 110
BOIS 27, 46, 74, 116, 118
bois d'œuvre 22, 117
BOISSON 112
bouleau 119
bourgeon 26, 75
branche 46
bulbe 35, **61**

## C

cacao 111
cactus 36, 38, **90**
caduque, feuille 47, 88
café 112
caféine 111, 112
calice 41
cambium [G] 31, 34, 74, 76
canopée 84
CAOUTCHOUC 120
capitule 45, 100
capsule (fruits) 58
capsule (mousses) 18
carnivore, plante 72
carton 118
caryopse 58, 106
catabolisme 66
CELLULE 10
cellule compagne 69
cellule de garde 66
CÉRÉALE 106
cerne 74
CHAMPIGNON 8, **14**, 16, 70
CHAMPIGNON COMESTIBLE 15, **108**
champignon vénéneux 15
chanvre 119, 123
chêne 28
chevelu racinaire 30
CHLOROPHYLLE 13, 37, **64**
chloroplaste 11, **65**
chromosome 11
chute des feuilles 48
CLASSIFICATION 8
coiffe 30
collenchyme 37
cône [G] 23
CONIFÈRE 8, **22**, 49, 88
CONSERVATION DES ESPÈCES 94
corolle 41
corymbe 44
coton 122
cotylédon [G] 28, **56**, 60
CROISSANCE 17, 74
croissance de la racine 31
croissance des inflorescences 44
crosse 20
cultivée, fleur 43
cuticule 34, 37, 91, 92
cylindre central 31, 34
cyme 45
cytoplasme 10

## D

déforestation 95
déhiscent, fruit sec 58
désert 83
diagramme floral 41
dicotylédone 9, 28, 35
dionée 73
dioxyde de carbone 64, 66
dissémination des graines 23, 29, 60
distillation 113
division cellulaire [G] 30, 78
drosera 72
drupe 59

## E

eau 65, 67, 92
écaille 49
échanges gazeux 66
écorce 34, 74
écosystème [G] 92, 94
embryon 28, 56
endémique 94
endoderme 31
énergie 66
énergie lumineuse 64
entomophile 52
épi 44
épice 109
épicéa 22, 49, 88, 116, 119
épiderme [G] 31, 34, 37
épine 22, 36, 38, 90
épinette 22, 49, 88, 116, 119
épiphyte 85
ÉQUATORIALE, FORÊT 82, 84
espèce [G] 8
espèce menacée 95
ESPÈCES, CONSERVATION DES 94
essence de bois 116
étamine 29, **41**, 52
évaporation [G] **66**, 68, 90, 113
évolution **9**, 42, 53, 91
exine 54
extinction 95

## F

famille 9, 42
farine 106, 110
fasciculée, racine 30
FÉCONDATION 13, 15, 19, 21, 23, 29, **54**
fermentation 112
feuillage 46
FEUILLE 26, **37**
feuille caduque **47**, 88
feuille de papier 119
feuille persistante 22, **49**
feuilles, chute des 48
feuilles, transpiration des 48, **66**, 68
feuilles, types de 38
feuillu [G] 88
fibre du bois 116, 118
fibre textile 122
filament 14, 16, 70
filet 40
FINES HERBES 109
flagelle [G] 19, 21
FLEUR 8, 26, 29, **40**
fleur cultivée 43
follicule 58
FORÊT 82
forêt boréale 82, **88**
forêt mixte 88
FORÊT TEMPÉRÉE 83, **88**
FORÊT ÉQUATORIALE 82, **84**
FORMATION VÉGÉTALE 82
FOUGÈRE 8, **20**
fronde 12, 20
fraisier 36, 45, 61
FRUIT 8, 29, **57**
FRUIT (aliment) 103

## G

gamète 13, 19, 21, 23, 54
gaz carbonique [G] 64, 66
gazeux, échanges 66
gemmule 56, 60
gène 8, 53
genre 9
géotropisme 79
germination d'une spore 15, 19, 21
germination de la graine 23, 29, **60**
germination du grain de pollen 29, **55**
gingko 95
gousse 58
grain d'amidon 11, 65
grain de pollen 23, 29, 52, **54**
GRAINE 8, 23, 29, **56**, 60
Graminées 86, 106
grappe 44
gravité 79
gui 71
Gulf Stream 89

## H

haptère 13
haricot 79, 98, 102
herbacée, plante 9, **27**
HERBES, FINES 109
HÉTÉROTROPHE 14, **70**
hévéa 120
HORMONE 78
huile végétale 110
humide, milieu 12, 18, 20
hyphe 14


Les termes en MAJUSCULES et la pagination en **caractères gras** renvoient à une entrée principale. Le symbole [G] indique une entrée de glossaire.

# Index


## IJK

indéhiscent, fruit sec 58
INDUSTRIE DU BOIS 116
INFLORESCENCE 44
insecte 52, 72
intine 54

## L

labelle 42
lacune 93
lamelle 14
latex 120
LÉGUME 98
LÉGUMINEUSE 33, **102**
levure 14, 113
LICHEN **16**, 70
lignée 8
ligneuse, plante 9, **27**, 46
lignine [G] **27**, 46, 74, 118
lilas 76
limbe 20, 37
lin 123
lumière [G] 64

## M

machine à papier 119
maïs 32, 107
manteau lactifère 120
maquis 83
matière organique 64
maturation de la graine 56
maturation du fruit 29
MÉDICINALE, PLANTE 121
membrane cellulaire 10
méristème 75
mésophylle 37
métabolisme 66
micropyle 54
milieu aquatique 12, **92**
milieu sec 90
minéraux [G] 67, 103, 106
mitochondrie 10, 66
moelle 34
monocotylédone 9, 28, 35
MOUSSE 8, 18
mucilage [G] 72
MULTIPLICATION VÉGÉTATIVE 35, **61**, 92
mycélium 14
mycorhize 70

## N

nectar [G] 52, 73, 111
nervation 38
nervure 13, 28, **37**, 38
nodosité 33
nœud 26
noyau (cellule) 10, 54
noyau (fruit) 59
nutation 79
NUTRITION 64
nutritives, réserves 33, 35, 56, **61**, 101, 106
nymphéa 38, **92**

## O

œuf 21
oignon 35
ombelle 44
oosphère 54
orchidée 28, 42
ordre 9
organe [G] 11, 20, 26
organique, substance [G] 68
organisme 8
organite [G] 10
ostiole 66
ovaire 29, **40**, 54
ovule 23, 29, **40**, 54
oxygène [G] 64, 66

## P

palmier 28
PAPIER 116, **118**
parasite 14, **71**
parenchyme [G] 31, 34, 37, 91
paroi 10
pâte à papier 116, **118**
pathogène [G] 120
pédoncule 29, 40, 57
pépin 59
péricarpe 57
péricycle 31
persistante, feuille 22, **49**
pétale 40
pétiole 20, 37
phloème 31, 34, 37, **69**
PHOTOSYNTHÈSE 13, **64**
phototropisme 79
phytohormone 78
phytothérapie 121
pièce florale 41
pigment [G] 12, 17, 37, 64
pistil 29, **41**, 52
pivotante, racine 30
plancton [G] 12
plante 23, **60**
PLANTE À FLEURS 8, **26**
PLANTE AQUATIQUE 92
plante aromatique 109
plante carnivore 72
plante chlorophyllienne 8, 37, 64
plante grimpante 32, 36, 79
PLANTE MÉDICINALE 121
PLANTE SUCCULENTE 90
PLANTE TEXTILE 122
plante tropicale 49, 105
plantule 23, 29, **60**
pluricellulaire 12
pneumatophore 33
poil absorbant 30
point végétatif 30
pollen 23, 29, 52, **54**
POLLINISATION 29, **52**
pollinisation croisée 53
pollution 17, 76, 95
pomme de terre 35, 101
port d'un arbre 47
poussée racinaire 68
prairie 82
printemps 47, 76
pulpe 59

## R

racinaire, absorption **30**, 68
RACINE 8, 26, **30**
racine adventive 20, 30, **61**
racine latérale 26, 30
racine principale 26, 28, 30, 46
racine traçante 22, 91
racines, types de 32
radicelle 30, 46
radicule 56, 60
rameau 22, 26, 46
ramification 30
rayon médullaire 74
réceptacle 13, **40**, 58, 59
reproducteur, appareil 26, 29, 40
reproduction asexuée 13, 19, 21, 61
reproduction sexuée 13, 15, 19, 21, 23, 29
réserves nutritives 33, 35, 56, **61**, 101, 106
résine [G] 22
respiration 66
rhizome 20, 35, **61**, 92
riz 107
rosier 36, 43

## S

sac embryonnaire 54
saison 47, 76, 87
samare 58
sapin 49, 88
SAVANE 83, **86**
sécheresse 90
sels minéraux 67
sépale 40
séquoia 77
SÈVE 67
sève, vaisseau conducteur de 8, 28, 31, 34, 37, **69**
sexuée, reproduction 13, 15, 19, 21, 23, 29
silique 58
soie 18
sol 67, 84
son 106
sous-bois 20, 85, 88
spadice 45
spermatozoïde 21
spore 14, 19, 21
steppe 83
stigmate **40**, 52
stolon 36, **61**
stomate 37, **66**, 93
style 40
SUCCULENTE, PLANTE 36, **90**
suçoir 16, 71
sucre [G] 64, 111
symbiose 14, 16, **70**
système racinaire 26, 28, **30**, 46

## T

taïga 88
tégument 56
textile, fibre 122
thalle 12, 16
thé 112
thigmotropisme 79
thylakoïde 65
TIGE 26, **34**
tige succulente 36, 90
tigelle 56, 60
tiges, types de 35
tissu [G] 11, 26, 78
toundra 83
trachéides 69
transpiration foliaire 48, **66**, 68
tronc 27, 46
tropicale, forêt 82, 84
TROPISME 79
tube criblé 69
tube pollinique 29, 55
tubercule 33, 35, **61**

## UVW

unicellulaire 12, 14
vacuole 10
vaisseau conducteur de sève 8, 28, 31, 34, 37, **69**
végétatif, appareil [G] 26, 98
VÉGÉTATIVE, MULTIPLICATION 35, **61**, 92
vent 53
vigne 36, 113
vin 113
vivace 27

## XYZ

xylème 31, 34, 37, **69**, 74
zygote [G] 13, 19, 54


Les termes en MAJUSCULES et la pagination en **caractères gras** renvoient à une entrée principale. Le symbole [G] indique une entrée de glossaire.

# Crédits photographiques

*La diversité des végétaux*

*page 17*
***Rhizocarpon*, cladonie des rennes, *Letharia vulpina* :** Einar Timdal, Natural History Museum, University of Oslo

*Les plantes à fleurs*

*page 32*
**Ficus tropical :** © National Tropical Botanical Garden
**Maïs :** USDA Photo by Bob Nichols
**Lierre :** Brian Klimowski

*page 33*
**Coriandre :** Shannon Kaplan
**Soja :** Lynn Betts/USDA NRCS
**Palétuviers :** Christoph Schmidt

*page 40*
**Lis :** Dr. Kazuo Yamasaki

*page 49*
**Plantes tropicales :** François Fortin
**Houx :** René Schuster

*La reproduction des plantes à fleurs*

*page 60*
**Pissenlit :** Christian Roux

*Nutrition et croissance*

*page 71*
**Cuscute :** Michael E. Runyan
**Gui :** www.Sanat.ch

*page 79*
**Tournesols :** Dr. Kazuo Yamasaki

*Les plantes et leur milieu*

*page 82*
**Forêt boréale :** Mélanie Morin
**Forêt tropicale humide :** CRDI/E. George
**Prairie tempérée :** Jean-Marc Abel

*page 83*
**Forêt tempérée :** Michel Claquin
**Maquis :** http ://patrick.verdier.free.fr
**Toundra :** Nick Seifert/Bureau of Land Management
**Steppe :** Guido Bauer
**Savane :** Stéphanie Lanctôt
**Désert :** Jean-Claude Corbeil

*page 85*
**Épiphytes :** Hélène Gauthier

*page 86*
***Imperata cylindrica* :** Dr. Kazuo Yamasaki
**Acacia, arbre à saucisses :** Stéphanie Lanctôt
**Baobab :** Michael Duits

*page 88*
**Forêt de feuillus :** Michel Claquin
**Forêt boréale :** Centre d'études nordiques
**Forêt mixte, couleurs :** François Fortin

*page 94*
**Parc national du Groenland :** © 2005 Shunya
**Parc national de Yellowstone :** NPS Photo Yellowstone

*page 95*
**Ginkgo :** The Arboretum of Penn State Behrend
***Impatiens letouzeyi*:** Benedict Pollard Royal Botanic Gardens
**Lichen :** Einar Timdal, Natural History Museum, University of Oslo
**Arbre concombre :** Tony Miller, Royal Botanic Garden Edinburgh
**Tanzanie :** Pierre-Bernard Demoulin
**Ayers Rock :** Jean-Marc Boutellier/http ://Planetphoto.free.fr
**Chutes Victoria :** John Walker

*Les plantes industrielles*

*page 116*
**Grumes de bois :** David Cantone

*page 120*
**Hévéas :** Antoine Vu

*page 121*
**Camomille :** © Jean Tosti
**Eucalyptus :** © J.S. Peterson. USDA NRCS NPDC
**Feuille d'eucalyptus :** Carmen Ulloa Ulloa Missouri Botanical Garden

*page 122*
**Cotonnier :** USDA/NRCS Photo by David Nance

*page 123*
**Lin :** Jerome W. Walter
**Cannabis :** Peter Hollinger
**Jute :** Matthew Herschmann